博士后文库
中国博士后科学基金资助出版

纳米多孔 GaN 基薄膜的制备及其特性研究

曹得重　著

科学出版社
北　京

内 容 简 介

本书主要以几种新型的纳米多孔 GaN 基薄膜为研究对象，系统地介绍了其纳米孔结构的制备及特性研究，为其在光解水、发光器件、柔性器件及可穿戴设备等领域的应用奠定了理论和实验基础。

本书所介绍的纳米多孔 GaN 基薄膜材料与器件的制备、测试和表征方法可为从事宽禁带半导体的研究人员提供参考，也可作为高等院校微电子专业研究生学习薄膜生长、微纳湿法刻蚀工艺、性能测试和表征的参考资料。

图书在版编目(CIP)数据

纳米多孔 GaN 基薄膜的制备及其特性研究 / 曹得重著. —北京：科学出版社，2023.6

(博士后文库)

ISBN 978-7-03-075866-8

Ⅰ. ①纳… Ⅱ. ①曹… Ⅲ. ①纳米技术－应用－半导体薄膜技术－研究 Ⅳ. ①TN304.055

中国国家版本馆 CIP 数据核字(2023)第 109004 号

责任编辑：任 静 / 责任校对：胡小洁

责任印制：吴兆东 / 封面设计：陈 敬

科 学 出 版 社 出版

北京东黄城根北街 16 号

邮政编码：100717

http://www.sciencep.com

北京中石油彩色印刷有限责任公司 印刷

科学出版社发行 各地新华书店经销

*

2023 年 6 月第 一 版 开本：720×1 000 1/16

2023 年 6 月第一次印刷 印张：10 插页：2

字数：200 000

定价：98.00 元

(如有印装质量问题，我社负责调换)

“博士后文库”编委会

“博士后文库”序言

1985 年，在李政道先生的倡议和邓小平同志的亲自关怀下，我国建立了博士后制度，同时设立了博士后科学基金。30 多年来，在党和国家的高度重视下，在社会各方面的关心和支持下，博士后制度为我国培养了一大批青年高层次创新人才。在这一过程中，博士后科学基金发挥了不可替代的独特作用。

博士后科学基金是中国特色博士后制度的重要组成部分，专门用于资助博士后研究人员开展创新探索。博士后科学基金的资助，对正处于独立科研生涯起步阶段的博士后研究人员来说，适逢其时，有利于培养他们独立的科研人格、在选题方面的竞争意识以及负责的精神，是他们独立从事科研工作的“第一桶金”。尽管博士后科学基金资助金额不大，但对博士后青年创新人才的培养和激励作用不可估量。四两拨千斤，博士后科学基金有效地推动了博士后研究人员迅速成长为高水平的研究人才，“小基金发挥了大作用”。

在博士后科学基金的资助下，博士后研究人员的优秀学术成果不断涌现。2013 年，为提高博士后科学基金的资助效益，中国博士后科学基金会联合科学出版社开展了博士后优秀学术专著出版资助工作，通过专家评审遴选出优秀的博士后学术著作，收入“博士后文库”，由博士后科学基金资助、科学出版社出版。我们希望，借此打造专属于博士后学术创新的旗舰图书品牌，激励博士后研究人员潜心科研，扎实治学，提升博士后优秀学术成果的社会影响力。

2015 年，国务院办公厅印发了《关于改革完善博士后制度的意见》（国办发〔2015〕87 号），将“实施自然科学、人文社会科学优秀博士后论著出版支持计划”作为“十三五”期间博士后工作的重要内容和提升博士后研究人员培养质量的重要手段，这更加凸显了出版资助工作的意义。我相信，我们提供的这个出版资助平台将对博士后研究人员激发创新智慧、凝聚创新力量发挥独特的作用，促使博士后研究人员的创新成果更好地服务于创新驱动发展战略和创新型国家的建设。

祝愿广大博士后研究人员在博士后科学基金的资助下早日成长为栋梁之才，为实现中华民族伟大复兴的中国梦做出更大的贡献。

中国博士后科学基金会理事长

前 言

半导体材料是一类导电性能介于绝缘体和导体之间、在微电子器件和集成电路等领域具有广泛应用的电子材料。到目前为止，半导体材料经历了以硅(Si)和锗(Ge)为代表的第一代半导体材料、以砷化镓(GaAs)和磷化铟(InP)为代表的第二代半导体材料以及以氮化镓(GaN)、氧化锌(ZnO)和碳化硅(SiC)为代表的第三代半导体材料三个发展阶段。其中，第三代半导体材料是当前国内外最为热门的研究领域。

第三代半导体材料可以用来制备主动元件和被动元件，在发光二极管(LED)、激光器(LD)、场效应晶体管、肖特基势垒二极管、紫外探测器、透明薄膜晶体管、平面显示器、气体传感器、太阳能电池等方面具有极为广阔的应用前景，是当前国际上热门的前沿研究领域。具有带隙宽(3.4eV)、击穿电场高(3.5MV/cm)、理化性能稳定的 GaN 已获得广泛应用。因此，其成为第三代半导体材料的典型代表。

GaN 基器件的主要形态结构为薄膜器件，因此制备高质量的 GaN 基薄膜是制造高性能器件的必要条件。目前，GaN 基薄膜主要以蓝宝石作为衬底通过有机金属化学气相沉积(Metal-organic Chemical Vapor Deposition，MOCVD)方法制备。由于 GaN 与蓝宝石衬底之间存在较大的晶格失配(13%)和热失配等问题，因此异质外延生长的 GaN 基薄膜具有大的残余应力和晶格缺陷，从而降低了器件性能。

要想解决上述问题，其关键就是如何提高 GaN 基单晶薄膜的质量，即如何降低单晶薄膜中存在的缺陷和残余应力。GaN 基薄膜中的缺陷密度的减小是提高 GaN 基器件稳定性和可靠性最为关键的因素之一。为了降低缺陷密度，目前发展出几种方法，例如：AlN 和低温 GaN 缓冲层、SiN 和 $Si_xAl_{1-x}N$ 界面层、Si 辐射、超晶格层的插入等。然而，这些制备方法却需要昂贵的平版印刷技术和复杂的生长过程。此外，残余应力也会显著地影响器件的稳定性和可靠性。因此，寻找一种既能降低 GaN 基薄膜缺陷密度又能减小其残余应力的简单有效的方法势在必行。

多孔半导体是实现低缺陷密度和低残余应力的一个简单有效的方法。自多孔 Si 被发现具有优异的发光特性以来，多孔半导体材料已引起人们的广泛关注。现行的纳米多孔半导体材料的制备方法大致可以分为两类：干法刻蚀和湿法刻蚀。目前主要的干法刻蚀有等离子刻蚀、反应离子刻蚀、激光烧蚀等，但由于干法刻蚀工艺较为复杂，且会给晶体结构带来一定的损伤，降低晶体质量，所以寻找一种替代方法是必要的。湿法刻蚀分为化学刻蚀、电化学刻蚀、光辅助电化学刻蚀等方法。相对于干法刻蚀而言，湿法刻蚀是各向异性的选择性刻蚀，刻蚀孔洞的生成与材料内部的杂质和缺陷有很大关系。正是由于湿法刻蚀与杂质和缺陷的分布有关，因此通过湿法刻蚀获得的纳米多孔半导体材料不仅没有干法刻蚀所引入的对晶体质量的损伤，反而提升了晶体的质量。因此，湿法刻蚀逐渐引起更为广泛的关注。

本书采用 MOCVD 方法在 c 面蓝宝石衬底上异质外延生长 GaN 基薄膜后，采用电化学刻蚀技术在草酸、氢氟酸、硝酸钠等刻蚀溶液中对 GaN 基薄膜进行刻蚀，以此制备纳米多孔 GaN(NP-GaN)基薄膜(如 NP-GaN 薄膜、自支撑 NP-GaN 基 MQW 薄膜、NP-GaN 基 LED 薄膜)，并对其特性进行了系统地研究。本书研究内容主要包括以下几部分：

(1)采用循环伏安法、计时电流法和电化学阻抗能谱法对草酸溶液中的 GaN 薄膜在预刻蚀条件下表面补丁形成过程中的电化学特性进行了系统地研究。采用计时电流法研究表明，感应电流随电压的升高而增大，而充电电流则取决于 GaN 薄膜的活性面积。通过电化学阻抗能谱研究发现：①随着刻蚀电压增大，空间电荷层电容减小、电荷转移电阻增大；②随着草酸浓度增加，空间电荷层电容和电荷转移电阻都减小；③随着掺杂浓度的提高，空间电荷层电容增大、电荷转移电阻减小。在不同的酸浓度和刻蚀电压下，电荷转移电阻的增大是由于 GaN 表面氧化物积累所致。然而，该结论并不适用于 GaN 薄膜的掺杂浓度对电荷转移电阻的影响。

(2)采用电化学刻蚀方法在氢氟酸:乙醇(体积比 1:1)溶液中制备了 NP-GaN 薄膜，并系统地研究其在光催化领域中的应用。NP-GaN 薄膜的孔隙率随刻蚀电压的增加而增大，即其比表面积随刻蚀电压的增加而增大。与 GaN 外延薄膜相比，NP-GaN 薄膜对有机染料(如：大红 4BS)具有较好的光催化能力，这主要是由于其表面积显著增大所致。与多孔 Si 晶片相比，具有较小表面积的 NP-GaN 薄膜却具有更好的光催化能力，这是因为 NP-GaN 薄膜不仅像多孔 Si 一样对有机染料具有还原能力，还对其具有氧化能力。由于 NP-GaN 薄膜具有和陶瓷相类似的化学惰性，因此在碱性条件下 NP-GaN 薄膜具有比多孔 Si 更好的光催化降解稳定性。

(3)采用电化学刻蚀方法在草酸溶液中制备了 NP-GaN 薄膜，并系统地研究其在酸性溶液中的光电化学分解水特性。在可见光下，NP-GaN 薄膜具有较好的分解水能力，这是由于其价带比水的氧化电位更正导致的。与 8V 刻蚀电压制备的 NP-GaN 薄膜相比，18V 所制备的 NP-GaN 薄膜的光电流大约增大了两倍，其最大光电转换效率达到 1.05%(~0V vs. Ag/ AgCl)。这可能是由于 NP-GaN 薄膜的比表面积和表面态的增加、阻值和载流子浓度的减小导致的。在光电化学分解水过程中，NP-GaN 薄膜具有较高的稳定性。由于可对 GaN 的带隙在可见光区进行调制，因此该研究表明 NP-GaN 基薄膜在太阳光下分解水、太阳能器件等领域有着潜在的应用前景。

(4)采用电化学刻蚀方法在 HF:乙醇(体积比 2:1)溶液中制备 NP-GaN 基 MQW 薄膜，并系统地研究其微纳结构、光学和光电化学特性。通过扫描电子显微镜(SEM)技术研究发现，其切面具有三个不同形貌区域，其分别为：①相分离的 InGaN/GaN 层区域，基本没有孔洞；②位于 InGaN/GaN 层和 n-GaN 层之间的水平孔区域；③具有整齐排列的纳米多孔 n-GaN 层区域。通过高分辨透射电子显微镜(HRTEM)研究表明：①MQW 结构具有 14 个周期的 $In_{0.2}Ga_{0.8}N$/GaN 结构，其厚度约为 196nm，晶向为 [0002]方向；②水平孔沿 <10$\bar{1}$0> 方向；③未剥离样品的 NP-GaN 层具有非常好的单晶性，但仍存在少许残余应力。采用剥离技术制备了 NP-GaN 基 MQW 薄膜，并分别将其转移到石英和 n-Si 衬底上，并将其作为光阳极在模拟太阳光照射下进行光电化学分解水实验。研究发现：剥离后的 NP-GaN 基 MQW 薄膜中 InGaN 层的应力完全松弛；与外延生长和刻蚀的样品相比，转移到 n-Si 衬底上的样品具有较低的开启电压和较高的光电转化效率。这主要是由于 MQW 区域极化效应减弱和应力松弛导致的。与转移到绝缘衬底上的 GaN 基薄膜相比，转移到 n 型半导体衬底上的样品具有更高的光电转化效率，这是由于在太阳光照射下载流子可从 n-Si 衬底转移至 NP-GaN 层所致。此外，在光电化学分解水过程中，NP-GaN 基 MQW 薄膜具有较好的稳定性。

(5)在草酸溶液中使用紫外光辅助电化学刻蚀方法制备出 NP-GaN 基 LED。与未刻蚀的 InGaN 基 LED 相比，被刻蚀的样品呈现出：①光致发光(PL)峰发生明显的蓝移，其原因可能是由于 LED 薄膜发生应力松弛以及 InGaN 层中 In 组分的减少导致的；②PL 发光效率提高 2 倍，其可归因于光提取表面积的增加、光引导效应的增强及内量子效率的提高。其中，内量子效率的提高则主要是由于 MQW 层发生应力松弛所致。

(6)采用电化学刻蚀和再生长相组合的方法制备出具有高反射 NP-GaN DBR 的 LED。首先，在中性刻蚀溶液($NaNO_3$)中使用一步法电化学刻蚀技术制备了 2 英寸的 NP-GaN DBR，该反射镜在可见光区具有较高的反射率(99.5%)和较宽的光谱截止带；然后，作为光学工程的一个例子，我们以 NP-GaN DBR 为衬底，通过 MOCVD 再生长技术制备了 InGaN 基 LED。与参比 LED 相比，具有 DBR 结构的 InGaN 基 LED 的光致发光(PL)寿命显著增长，这是由于其晶体质量显著提高所致。此外，与参比 LED 相比，具有 DBR 结构的 LED 的光致发光和电致发光(EL)效率也得到显著增强，其可能归因于：①MQW 层晶体质量的提高导致其内量子效率的增强；②DBR 具有高的光反射效应，导致其光提取效率增强。

(7)采用电化学刻蚀技术在草酸溶液中制备片尺寸多层纳米多孔 GaN (MNP-GaN)，然后以其为衬底采用再生长技术制备具有 GaN/纳米孔腔的 InGaN 基 LED。与参比样品相比，具有 GaN/纳米孔腔的 InGaN 基 LED 的发光强度显著增强，并发生蓝移现象。发光增强主要是由于 MQW 层缺陷减少引起的内量子效率增强，以及多层 GaN/纳米孔腔的光散射效应引起的光提取效率的增强；而蓝移现象是由于应力松弛导致的。

(8)采用电化学刻蚀技术在硝酸(HNO_3)溶液中制备了大面积、高反射的中孔 GaN 分布布拉格反射镜(MP-GaN DBR)，并以该 DBR 为衬底外延生长 InGaN/GaN 结构，制成光阳极。与参比样品相比，具有 MP-GaN DBR 的 InGaN/GaN 结构的 PL 强度显著增强，这是由于 MP-GaN DBR 的高光反射效应和 MQW 层内量子效率的提高所致。更有趣的是，具有 MP-GaN DBR 的 InGaN/GaN 结构具有低的起始电压(−0.61V vs. RHE)、高的光电转换效率和良好的稳定性，这是由于 MQW 层的极化效应的减弱、光利用效率和内量子效率的显著提高所致。

(9)采用紫外光辅助电化学刻蚀技术在 HNO_3 溶液中制备出自支撑的垂直排列的纳米多孔 InGaN 基 MQW 薄膜，然后分别将其转移到不锈钢布和石英衬底上。与外延生长的样品相比，刻蚀和转移后的薄膜显示出增强的 PL 峰，并伴随蓝移。发光增强归因于：①MQW 晶体质量的提高导致内量子效率的提高；②垂直排列的纳米多孔 InGaN/GaN 结构具有光引导效应和高的光提取表面积导致光提取效率的提高。蓝移现象是由于 MQW 层发生应力松弛和 InGaN 层中 In 含量改变所致。

(10)采用电化学刻蚀和掺杂技术，在中性溶液中制备了自支撑的具有 NP-GaN 反射镜的 NP-GaN 基 MQW，将其转移到其他衬底上，制备成光阳极，进行光电化学分解水制氢实验。系统地研究其应力、晶体质量、纳米孔结构、光学及光电化学特性，确定了最佳制备工艺，揭示了其可控制备机制，阐明了其光电化学分解水机理。与外延生长的 MQW 样品相比，刻蚀和转移后的样品呈现出更高的光生电子-空穴对的分离效率和更快的界面电荷转移能力。在三个样品中，转移后的 MQW 样品具有最低的开启电压、最高的转化效率以及出色的稳定性。

本书较系统地探究了纳米多孔氮化镓基薄膜的特性和相关应用。在研究中发现，氮化镓基纳米结构具有丰富的物理性质，而采用合适的技术和工艺，可以制备出新型高性能的微纳器件。本书介绍了多种设计和研制高效、稳定微纳光电器件的途径，为新型微纳器件的设计奠定了基础。

感谢西安工程大学理学院、西安电子科技大学微电子学院和宽禁带半导体国家工程研究中心对本书的研究工作提供了长期的支持。感谢中国博士后科学基金、陕西省自然科学基础研究计划(2023-JC-YB-590)、陕西省西安市碑林区科技计划(GX2202)对本书的资助。

曹得重

2023 年 6 月

目　　录

第1章 绪　　论

半导体材料是一类导电性能介于绝缘体和导体之间、在微电子器件和集成电路等领域具有广泛应用的电子材料。半导体材料经历了以 Si 和 Ge 为代表的第一代半导体材料、以 GaAs 和 InP 为代表的第二代半导体材料，以及以 GaN、ZnO 和 SiC 为代表的第三代半导体材料(宽带隙半导体材料)三个发展阶段。

第三代半导体材料(如 GaN、ZnO 和 SiC 等)可以用来制备主动元件和被动元件，在 LED、LD、场效应晶体管、肖特基势垒二极管、紫外探测器、透明薄膜晶体管、平面显示、气体传感器、太阳能电池等方面具有极为广阔的应用前景[1-5]，是当前国际上热门的前沿研究领域。

作为第三代宽带隙半导体材料的典型代表，GaN 材料对于支撑“中国制造 2025”“互联网+”等国家重大战略目标，抢占全球技术和产业制高点，赢得我国弯道超车的历史性发展机遇，具有重大而深远的意义。GaN 材料在半导体照明、高端光电子与微电子器件等领域获得越来越广泛的应用，在国家的基础研究、前沿技术研发、重大共性关键技术突破等全创新链中发挥着越来越重要的作用，它是节能环保、智能制造、新一代信息技术、国防等领域的关键材料与器件。

1.1　GaN 的材料特性

GaN 可以分为纤锌矿和闪锌矿两种晶格结构。由于其立方相(闪锌矿)是亚稳态结构，所以常见的为六方相的纤锌矿结构。六方纤锌矿 GaN 的性质及结构如表 1-1 和图 1-1 所示。

GaN 具有较强的化学稳定性，室温下不溶于水、酸和碱，但可溶于热的碱溶液中。由于 H_3PO_4、H_2SO_4 和 NaOH 可以腐蚀质量差的 GaN，因此这种性质可以被用来检测 GaN 晶体中的缺陷。此外，在高温下，GaN 在

H_2、HCl 或 NH_3 气体环境中表现出不稳定性，而在 N_2 气中却具有较好的稳定性。

表 1-1　六方纤锌矿 GaN 的性质

性质	GaN
带隙宽度 E_g	3.39eV(300K) 3.50eV(1.6K)
带隙温度系数(T = 300K)	$dE_g/(dT) = -6\times10^{-4}$eV/K
带隙压力系数(T = 300K)	$dE_g/(dP) = -4.2\times10^{-3}$eV/Kbar
晶格常数/Å	$a = 3.1892\pm0.0009$ $c = 5.1850\pm0.0005$
热导率/(W/cm·K)	$K = 1.3$
折射率	n(1eV) = 2.33 n(3.38eV) = 2.67
介电常数	ε_r = ～8.9 ε_x = 5.35
电子有效质量	$m_e = (0.20+0.02)m$
声子模式*/cm^{-1}	A_1(TO) = 532 E_1(TO) = 560 E_2 = 144.569 A_1(LO) = 710 E_1(LO) = 741
密度/(g·cm^3)	6.15
熔点/℃	1700

*A、E 代表振动类型，A 为一维振动，E 为二维振动；TO：横向声子；LO：纵向声子

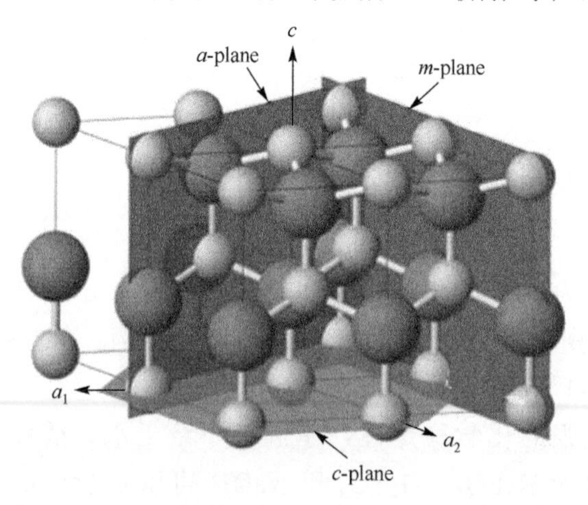

图 1-1　六方纤锌矿结构的 GaN 晶格结构

作为直接宽带隙半导体典型代表，GaN在光电子器件领域得到了广泛的应用。GaN的带隙为3.4eV(363.2nm)，其对应着紫外光谱区域。通过能带调制，可形成InGaN、AlGaN等合金，这种合金材料其带隙可在0.7～6.2eV范围内调制[6-10]。由于GaN基半导体材料的带隙可以覆盖从深紫外光到红外光整个太阳光谱区域，因此其也被称为全光谱半导体材料。

非故意掺杂的GaN通常呈现n型，然而p型GaN一般是高补偿的。通常使用Si作为掺杂剂生长n-GaN，其载流子浓度在10^{18}～10^{20}/cm^{3}之间可调[11,12]，而若要制备p型GaN则通常对其进行Mg掺杂。然而对于Mg掺杂的p-GaN在室温下只有1%的Mg原子离化，所以很难得到高掺杂浓度的p型GaN。

1.2 GaN材料的应用背景

在众多的宽禁带半导体材料中，SiC和GaN材料已获得广泛应用。与间接带隙SiC材料相比，直接带隙GaN半导体材料具有带隙宽、电子漂移饱和速度高、成本低等优点。虽然SiC材料率先实现了产业化，但GaN却后来居上，大有超过SiC之趋势。表1-2列出了SiC和GaN材料的相关参数[13]。

表1-2 SiC及GaN材料的相关参数

性质	6H-SiC	WZ-GaN
带隙宽度 E_g/eV	3.0	3.4
相对介电常数 ε_s	9.7	9.5
电子迁移率 μ/(cm^2/(V·s))	370	900
击穿电场 E_c/(MV/cm)	2.4	3.3
电子饱和漂移速度 v_{sat}/(10^7cm/s)	2.0	2.7
热导率 λ/(W/(cm·K))	4.5	1.3
功率密度/(W/mm)	4	7

正是由于GaN基材料本身优良的特性使其在耐高压功率器件(如：场效应晶体管、肖特基势垒二极管等)、DBR、LED、LD、光电探测器、光催化等领域具有广阔的应用前景[14-36]，是当前国际上热门的前沿研究领域。

GaN及其合金化合物可以用来制备功率晶体管[24,25]。自第一支晶闸管(Thyristor)器件商用以来，功率晶体管成为研究热点。自从1993年以来，GaN基异质结功率晶体管发展迅速，现已从实验室测评阶段逐渐进入到产业化阶段，然而市场上主流的GaN基功率晶体管是横向性器件，很难发挥GaN材料优良的耐压特性，因此近年来耐压产品得到产业界的青睐。例如：2010年，IR公司推出了市场上第一款基于GaN的功率器件；2011年，Micro GaN公司发布了600V GaN基高电子迁移率晶体管(HEMT)器件，而Transphorm公司发布了基于SiC衬底的600V GaN晶体管；2012年，GaN Systems公司研制出基于SiC衬底的1200V GaN晶体管；2013年Transphorm公司推出基于大尺寸Si衬底的耐压600V产品；2015年，GaN Systems公司推出650V/100A功率晶体管等。

GaN及其合金化合物可以用来制备激光器(LD)[14,18,19,22,26]。例如：1999年，Nichia公司发布了GaN基蓝紫光LD(输出功率：5mw；发射波长：400nm；工作寿命≥10^4小时)。DVD的光存储密度与半导体激光器的波长平方成反比，假如把GaN基短波长半导体LD应用于DVD领域，那么DVD的光存储密度将提高4倍以上，因此，GaN半导体技术还将在光存储和处理领域有着广阔的应用前景。

GaN及其合金化合物可以用来制备LED[15-17,27-30]。自从1962年N. Holonyak制备出第一支红光LED以来，LED照明技术成为研究热点[27]；1989年，I. AKasaki制备出第一支GaN基LED；1993年，S. Nakamura制备出第一支GaN基蓝光LED，引起广泛关注；在此基础上，相继制备出了GaN基绿光、黄光、紫外光LED[28-30]。白光LED的制备工艺也逐渐成熟，亮度达到5.0～6.0cd/m^2。假如白光LED实现产业化，则会带来一场新的照明技术的革命，目前我国和美、日、韩等国都十分重视其发展。

除了上述常见的应用领域外，GaN材料在生物芯片、光催化降解有机物、分布布拉格反射镜(DBR)等领域也具有广阔的应用前景。例如：Lee等人[31]制备了GaN基LED生物芯片，用于检测前列腺特异抗原(PSA)(图1-2)；Yi等人[32]发现GaN纳米线在酸性和碱性环境下对有机染料具有非常好的光催化降解能力(图1-3)；Han等人[33]发现GaN/空气隙DBR具有较高的反射率(98%)(图1-4)，这种DBR结构有可能成为GaN基发光二极管和激光器不可或缺的组成部分。

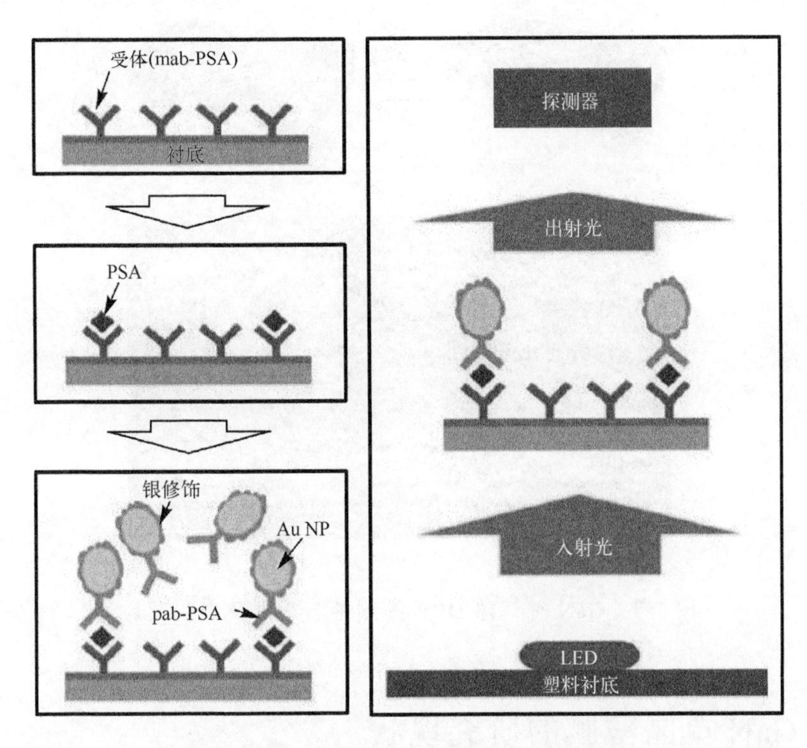

图 1-2　LED 的 PSA 传感机制的示意图

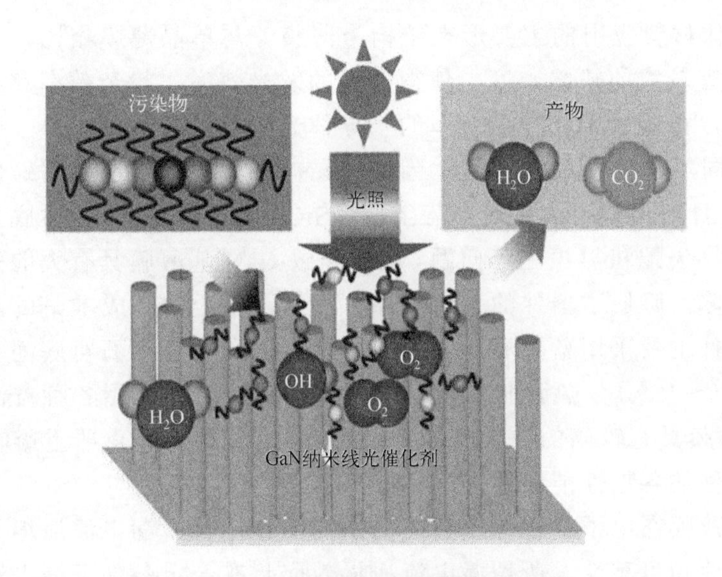

图 1-3　GaN 纳米线的光催化示意图

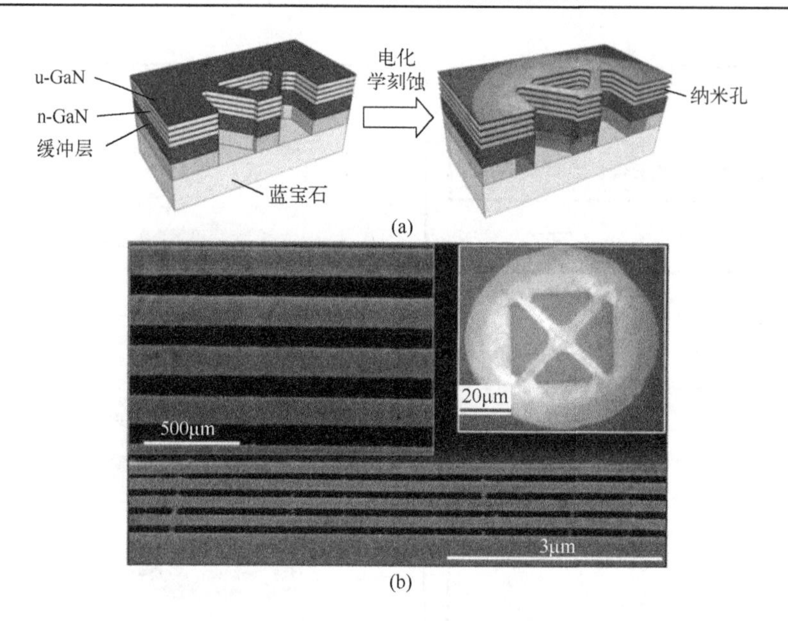

图 1-4　GaN/空气隙 DBR 的制备示意图及形貌图片

1.3　GaN 单晶薄膜的研究现状

半导体材料应用的主要形态结构为薄膜。与单晶薄膜相比，非晶、多晶薄膜具有较大的缺陷密度，使得薄膜的发光效率、掺杂效率和耐压能力都比较低，很难用于制造高效率的半导体光电器件。

由于同质外延衬底的缺失，因此 GaN 薄膜主要通过异质外延技术制备[37-39]。目前，常用的衬底有蓝宝石、SiC 等。GaN 与外延衬底之间存在较大的晶格失配和热失配等问题，从而导致 GaN 基薄膜具有大的残余应力和晶格缺陷，降低了器件的稳定性和可靠性。由于 SiC 成本昂贵，GaN 基光电子器件主要采用蓝宝石作为衬底。由于 GaN 与蓝宝石衬底间具有晶格匹配性差(～13%)，热膨胀系数差异大等缺点，因此采用各种方法所制备的 GaN 薄膜具有较高的缺陷密度和残余应力，而这些缺点严重影响着 GaN 基光电器件的各项性能参数[40-48]。

GaN 薄膜在电子器件领域存在的主要问题还有：漏电流崩塌效应以及长期稳定性和可靠性。所谓漏电流崩塌效应是在一定条件下漏电流比预想值下降的现象。目前，其形成机制尚不明确，为了研究其形成机理，提出了应力模型和虚栅模型等[49,50]。经过几十年的努力，常采用生长帽层和器件表面钝化[51,52]等方法来抑制电流崩塌效应。此外，GaN 基电子器件在高温、大功率等极端条件下持续工作时，会产生“自热效应”，对输出电流产生消极影响，进而抑制器件的长期稳定性和可靠性表现[53-56]。

GaN 薄膜在光电子器件领域存在较多的问题，以 LED 为例，其主要表现在与衬底的晶格失配和热失配、量子限制斯塔克效应、相分离的 InGaN 层、外量子效率低、绿色缺口与效率下降等[57-63]几方面。例如：量子限制斯塔克效应的存在可导致 GaN 基 LED 发光峰发生红移，且能抑制器件的发光特性。为了解决这个问题，人们提出了制备了半极性和非极性的 GaN 基光电子器件的思路。然而经过多年的努力，仍然存在一些问题难以解决。

GaN 基可见光 LED 通常使用 InGaN/GaN MQW 作为有源区，由于 GaN 和 InN 之间存在差别较大的生长温度，导致生长的 InGaN 层出现相分离现象，进而抑制了 LED 的发光特性。此外，GaN 基 LED 多为平面结构，并且 GaN 和空气的折射率差别较大(2.4 和 1)，引起 LED 有源区发出的光在 GaN/空气界面处发生全发射。这导致只有少量的光可以出射，使 LED 外量子效率低。

与 GaN 基蓝光和红光 LED 相比，绿光 LED 的发光效率较低。根据三基色原理，红、绿、蓝光 LED 进行组合可以提供种类众多的光源系统，然而由于绿光 LED 发光效率较低，严重地限制了 GaN 基 LED 在照明和显示等领域的应用。“绿色缺口”主要是由于俄歇复合导致的。此外，由于传统的 LED 大多是以蓝宝石为衬底的横向性器件，导致器件工作时散热成为一大问题。为此，开发垂直结构的 LED 具有重大的现实意义。

因此，若能克服上述问题将进一步拓宽 GaN 基光电器件的应用领域。要想解决上述问题，关键是如何提高 GaN 单晶薄膜的质量，即如何减少单晶薄膜的缺陷密度以及降低其残余应力。

1.4 纳米多孔 GaN 单晶薄膜的研究现状

GaN 薄膜中所存在的较大缺陷密度严重影响了 GaN 基器件稳定性和可靠性。为了降低缺陷密度，几种技术已经被发展。例如：AlN 和低温

GaN 缓冲层在一定程度上可改善在蓝宝石衬底上生长的 GaN 薄膜的质量（缺陷密度：$10^8 \sim 10^9 cm^{-2}$）；在具有图案的衬底上选择和侧向生长无应力的 GaN 虽具有较低的缺陷密度，但为了实现与邻近区域图案的合并，厚度须达 10μm。其他的降低缺陷密度的方法还有：SiN 和 $Si_xAl_{1-x}N$ 界面层、Si 辐射、超晶格的插入，然而这些技术却需要昂贵的平版印刷技术和复杂的生长过程。此外，残余应力也可以影响 GaN 基光电器件的稳定性和可靠性。因此寻找一种既能降低缺陷密度又能减小残余应力的简单有效的方法势在必行。

多孔半导体是实现低缺陷密度和低残余应力的一个简单、有前途的方法。通常，纳米多孔半导体材料的制备方法包括两类，分别为干法刻蚀和湿法刻蚀。当今主要的干法刻蚀方法有等激光烧蚀、反应离子刻蚀、等离子刻蚀等[64-69]，其具有各向同性的特点，刻蚀精度高，可控性强。但是由于干法刻蚀操作复杂，成本较高，并且会在一定程度上降低晶体质量，所以寻找一种替代技术已迫在眉睫。与干法刻蚀技术相比，湿法刻蚀技术是一种各向异性的选择性刻蚀，由于其选择性与杂质和缺陷的分布有关，因此采用湿法刻蚀技术制备的纳米多孔材料不但没有像干法刻蚀技术那样损伤晶体质量，反而提升了晶体的质量，所以湿法刻蚀技术受到人们广泛的关注。湿法刻蚀主要包括化学刻蚀[70]、电化学刻蚀[71]、光辅助电化学刻蚀[72]等，其具有操作简单、成本低、可减少缺陷密度、可控性略差等特点。其刻蚀原理如下：首先，GaN 在其缺陷处被氧化为氧化物或氢氧化物，然后这些中间产物被溶解在刻蚀溶液中，从而形成纳米孔洞。目前，湿法刻蚀采用的刻蚀溶液主要为硝酸钠（$NaNO_3$）、氢氟酸（HF）、草酸（Oxalate）、氢氧化钾（KOH）、磷酸（H_3PO_4）、氢氧化钠（NaOH）等溶液[73-75]。刻蚀溶液会对孔洞的形态产生直接的影响，例如：在 HF 溶液中可以制备出较直的孔洞，而在草酸溶液中刻蚀的孔洞呈现出海绵枝杈状[76,77]。此外，薄膜的掺杂类型、掺杂浓度、刻蚀电压、刻蚀时间也会对孔洞的形态产生的影响，进而对其特性产生显著影响。因此，可制备不同形貌的纳米多孔来实现薄膜材料的不同用途。

NP-GaN 薄膜重要的用途之一就是用来进行 GaN 基薄膜的再生长，并以此制备出缺陷密度低、残余应力小、大面积可转移的高性能光电器件[78-82]，这为其在可折叠显示、柔性传感、可穿戴设备、薄膜太阳能电池和生物医疗器件等领域的应用奠定了基础。例如：Lee 等[79]采用再生长和机械剥离相结合的技术制备了自支撑的 LED 薄膜，其发光强度显著提高(图 1-5(a))；Ryu[80]等通过再生长和 SiO_2 的移除技术制备了高质量的自支撑 LED 薄膜，其串联电阻的阻值显著降低(图 1-5(b))；Hao 等[82]采用湿法刻蚀和剥离技术制备了柔性 NP-GaN 超级电容器，发现其具有功率密度高和使用寿命长等优点(图 1-5(c))。

(a) 自支撑LED薄膜的形貌照片

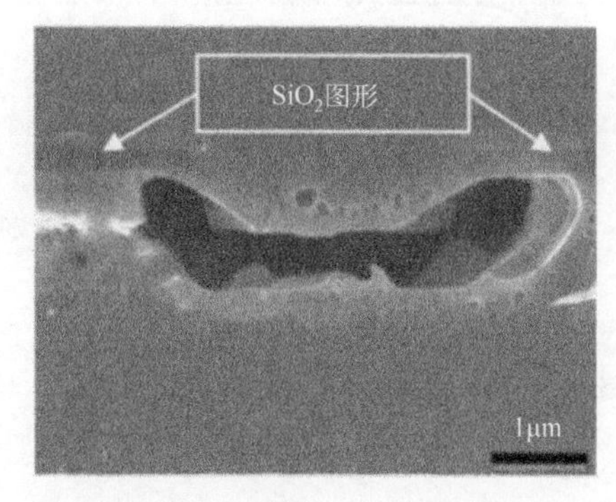

(b) GaN孔腔的切面SEM图

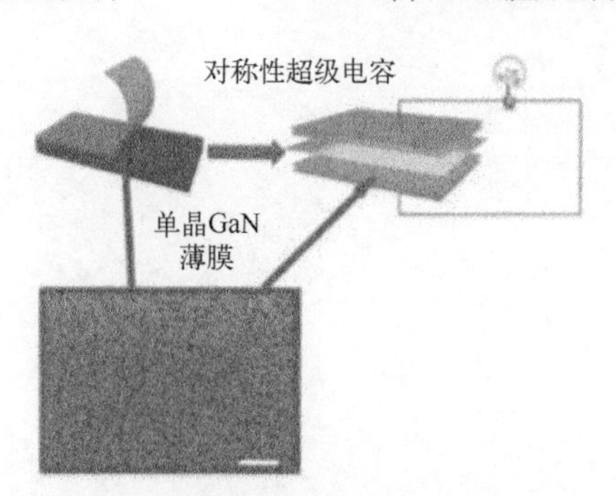

(c) NP-GaN超级电容器的制备示意图

图 1-5 自支撑 LED 薄膜

此外，由于 NP-GaN 基薄膜具有较大的表面积和较高的稳定性，其在光电化学分解水领域[83-89]有着广阔的应用前景。例如，Han 等人[83]研究了 NP-GaN 薄膜在紫外光下分解水的特性，与未刻蚀的 GaN 薄膜相比，其分解水的能力显著提高，但稳定性较差(图 1-6(a))；Tseng等人[84]在硫酸溶液中制备 NP-GaN，并发现其在中性溶液中具有较好的分解水能力，其分解水的能力比未刻蚀的 GaN 提高了 4 倍，开启电压减少了 0.4V(图 1-6(b))。

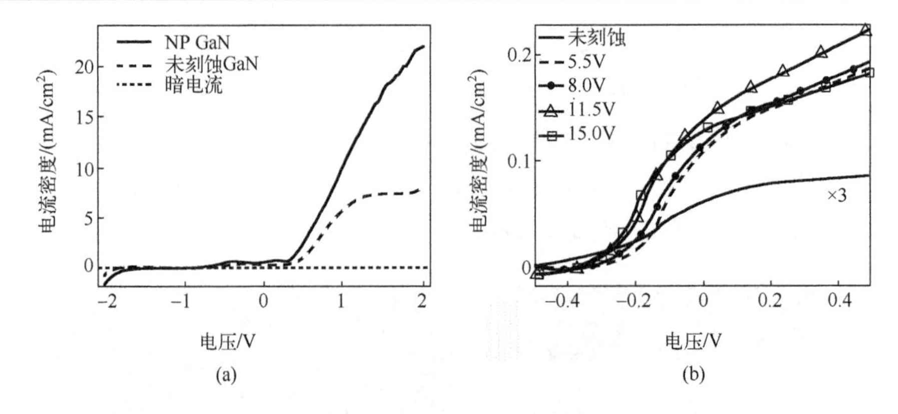

图 1-6　刻蚀前后的 GaN 薄膜的光电流-电压曲线

第2章　实验设备和测试方法

有机金属化学气相沉积(MOCVD)方法可用来大规模异质外延生长GaN基单晶薄膜。异质外延生长的GaN基单晶薄膜具有较高的残余应力和缺陷密度。研究发现，刻蚀技术是降低残余应力和缺陷密度的较为有效的方法。刻蚀分为干法刻蚀和湿法刻蚀两类，而湿刻蚀又分为光辅助电化学刻蚀、化学刻蚀和电化学刻蚀等方法。本书采用MOCVD方法在c面蓝宝石衬底上异质外延生长GaN基薄膜后，采用电化学刻蚀技术对GaN基薄膜进行刻蚀，以此制备NP-GaN基薄膜。本章就MOCVD和电化学刻蚀等技术以及与本书相关的测试和表征方法进行简单的介绍。

2.1　实验设备

2.1.1　有机金属化学气相沉积系统

有机金属化学气相沉积(Metal-organic Chemical Vapor Deposition, MOCVD)是一种利用有机金属前驱体和气相反应在衬底表面沉积薄膜的技术，在半导体器件制造、光学器件制造、超导体制造等领域中得到了广泛应用。

MOCVD的工作原理是将有机金属前驱体和气体反应生成薄膜材料并沉积在衬底表面。通常，有机金属前驱体是由有机物和金属离子组成的化合物。在沉积过程中，这些前驱体会被加热至高温，使其分解并释放出金属原子和有机碳分子，然后与气相反应生成薄膜材料，并沉积在衬底表面上。

MOCVD的优点包括高沉积速率、高沉积效率、能够制备复杂的多层薄膜结构、能够控制薄膜组分和厚度等。此外它还能够制备一些传统物理方法难以制备的材料，例如高温超导体和氮化物薄膜等。

与其他外延生长技术相比，MOCVD技术不仅具有传统CVD工艺的优点，能够在低温下沉积各种各样的薄膜材料，还可以精确控制外延薄膜的厚度和掺杂浓度，可以实现薄膜的批量生长。

以生长 GaN 单晶薄膜为例，其反应方程式如下：

$$Ga(CH_3)+NH_3 \rightarrow GaN+CH_4 \tag{2-1}$$

MOCVD 系统如图 2-1 所示，系统主要包括反应腔、气体控制及混合系统、有机金属源、反应气体及废气处理等部分。

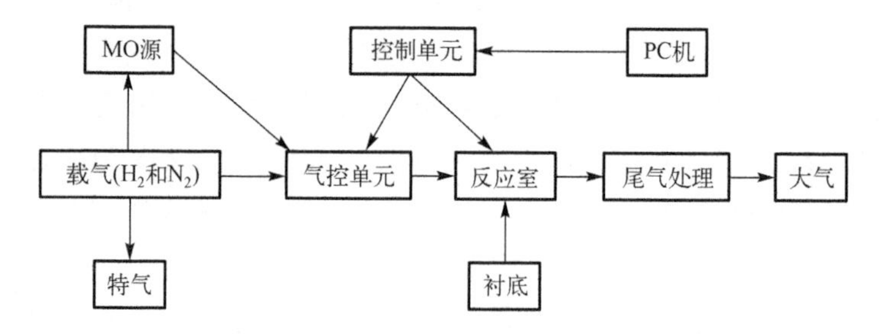

图 2-1　MOCVD 系统示意图

2.1.2　电化学刻蚀系统

刻蚀技术一般包括干法刻蚀[90-92]和湿法刻蚀[93-95]两类，可制备出一系列功能性纳米材料。其中，湿法刻蚀技术是一种各向异性的选择性刻蚀，由于其选择性与杂质和缺陷的分布有关，因此采用湿法刻蚀技术制备的纳米多孔材料可提高薄膜晶体质量。湿法刻蚀主要包括化学刻蚀、电化学刻蚀、光辅助电化学刻蚀等方法，其具有操作简单、成本低、可减少缺陷密度、释放应力、可控性略差等特点。

电化学刻蚀是一种利用电化学反应在金属或半导体表面刻出微观结构的技术。电化学刻蚀技术具有高效、可控、可重复性等优点，在微纳加工、传感器制造、生物医学等领域得到了广泛应用。

电化学刻蚀技术的基本原理是利用电化学反应在金属或半导体表面溶解离子，从而形成微观结构。通常，电化学刻蚀技术需要使用一个电解池，在电解池中，样品作为阳极，通过施加一定的电压或电流，使得阳极表面发生电化学反应。电化学反应的化学物质来源于电解质溶液，通常是一种酸性或碱性溶液。

在电化学反应中，阳极表面会生成金属离子，而电解质溶液中的阴离子会在阳极表面和金属离子之间发生反应，从而形成氧化物、氢氧化物等产物。这些产物会随着电流的流动被带走，从而在阳极表面形成一个微观结构。不同的电解质和电位条件会导致不同的反应产物，从而得到不同形状的微观结构。

电化学刻蚀技术可以制备出各种形状的微观结构，如线条、孔洞、网格等，这些结构可以用于制造微纳加工器件、传感器、微流控系统等。此外，电化学刻蚀技术还可以用于制备金属纳米颗粒、纳米线等纳米材料，在生物医学领域中也有广泛应用，例如制造微电极、生物芯片等。需要注意的是，电化学刻蚀技术的刻蚀速率和刻蚀深度受到电解质溶液浓度、电压和电流密度等参数的影响，因此需要严格控制这些参数以获得所需的微观结构。

总之，如图 2-2 所示，电化学刻蚀系统通常使用一个电解池，以样品为阳极，以铂电极为阴极，通过调制样品的掺杂浓度及刻蚀条件(如刻蚀电压、刻蚀时间、刻蚀溶液种类及浓度)来调控纳米结构的形貌及晶体质量。

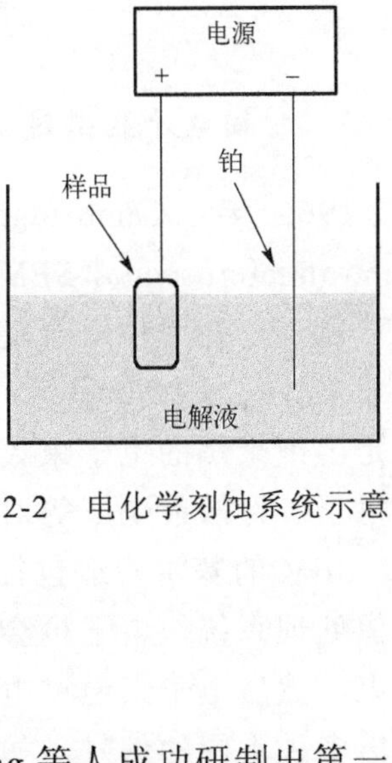

图 2-2　电化学刻蚀系统示意图

2.2　测试方法

2.2.1　表面形貌测试方法

1. 原子力显微镜

20 世纪 80 年代，美国 IBM 公司 Gerd Binning 等人成功研制出第一台原子力显微镜(Atomic Force Microscopy, AFM)。AFM 应用领域比较广泛，对测量环境、样品要求较低，可测量固体表面、吸附体系以及生物大分子等。本书中 AFM 主要用于测试 GaN 基薄膜表面形貌和表面粗糙度。

AFM 是根据原子之间的作用力(范德华力)的强弱来显示样品表面形貌的三维图像。其工作机理如下：探针尖端的原子与样品表面的原子相距较近时相互作用产生泡利排斥力，导致探针发生弯曲，相应信息会被探测器接收和处理，进而输出三维图像。原子力显微镜实物图如图 2-3 所示。

本书所用 AFM 仪型号为 Veeco Instruments Inc 公司的 Dimension Icon；主要技术指标：横向分辨率 0.1nm，纵向分辨率 0.01nm。

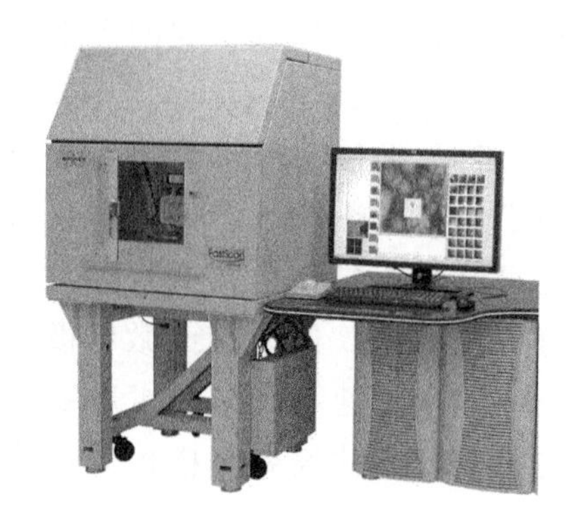

图 2-3　原子力显微镜实物图

2. 扫描电子显微镜

1965 年，Cambridge 研发出第一台商用扫描电子显微镜(scanning electron microscope，SEM)。SEM 可以用于研究样品微观结构的铁电畴等；还可以与一些附件组合使用，具备一些新的功能，例如，与能谱仪(Energy Dispersive Spectrometer，EDS)组合，可以测定物质的元素成分。其工作原理是用细聚焦的电子束轰击样品表面，通过电子与样品相互作用产生的二次电子、背散射电子等对样品形貌进行成像。

SEM 的基本构造包括电子枪、电子透镜系统、样品台、信号检测器和图像处理系统。电子枪会产生一束高速电子，并将其聚焦成一束微小的电子束，然后电子束通过电子透镜系统聚焦到样品表面。样品表面会因此激发出多种不同的信号，如反射电子、二次电子、散射电子等。这些信号会被信号检测器收集并转换成电信号，然后被发送到图像处理系统生成图像。SEM 能够在高分辨率下观察各种不同类型的样品，如金属、陶瓷、聚合物、生物组织等，从而广泛应用于材料科学、生物学、化学、医学等领域。SEM 实物图如图 2-4 所示。

本书所用仪器型号为 S-4800 超高分辨率 SEM，其主要技术指标如下：

二次电子像分辨率：1.0nm(15KV)，2.2nm(1KV)；

放大倍数：×20～×800000；

加速电压：0.5～30kV。

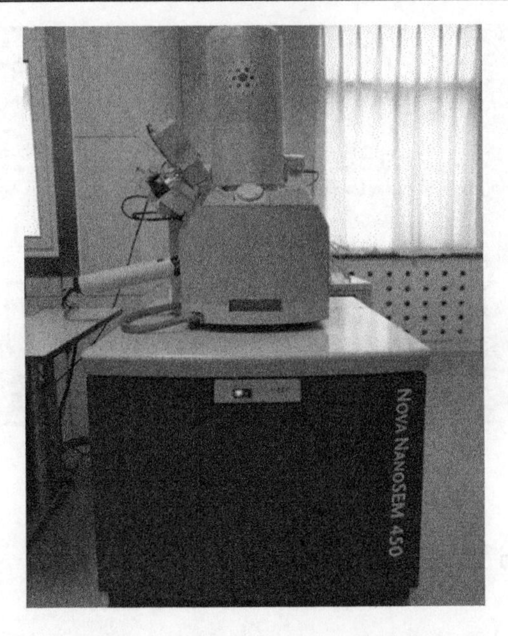

图 2-4 扫描电子显微镜实物图

2.2.2 晶体结构测试方法

透射电子显微镜(Transmission Electron Microscope，TEM)是一种高分辨率的电子显微镜,其能够以非常高的分辨率观察物质的微观结构和性质。与光学显微镜相比，TEM 具有更高的分辨率和更丰富的信息，因为电子波长比光波长小得多，因此 TEM 可以观察到非常小的结构，例如材料中的缺陷、原子排列、分子组装和微观组织等。本书采用大型 TEM 对 NP-GaN 基 MQW 薄膜进行表征。TEM 实物图如图 2-5 所示。

与光学显微镜成像原理相似，TEM 是以电子束为光源，用电磁场作透镜，通过高速电子枪轰击样品表面产生透射电子，对样品的晶体结构进行成像。由于透射电子并不能穿透太厚的样品，因此通常采用离子减薄仪对样品进行离子减薄至 50nm 以下。我们所用 TEM 设备的仪器型号为 Technai F30 型高分辨透射电子显微镜(High Resolution Transmission Electron Microscope，HRTEM)，其主要技术指标：

点分辨率：0.2nm；

线分辨率：0.1nm；

加速电压：300kV。

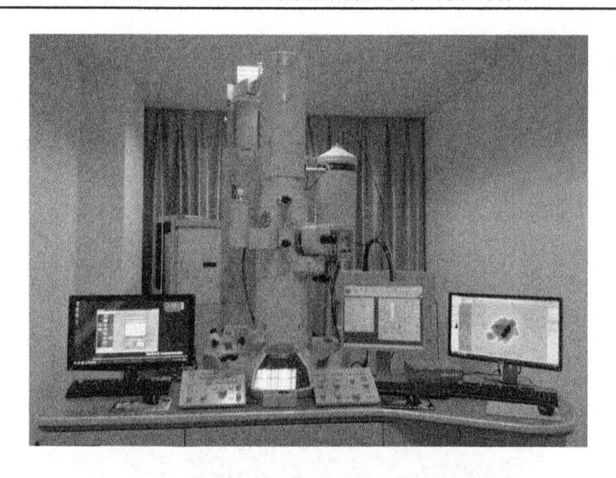

图 2-5　透射电子显微镜实物图

2.2.3　物质成分测试方法

1. X 射线衍射测试系统

X 射线衍射(X-ray diffractometer, XRD)是一种利用 X 射线与物质相互作用的技术，可以分析物质的晶体结构、晶体缺陷和材料的晶粒大小等信息。X 射线衍射技术是分析晶体结构的重要工具，广泛应用于材料科学、化学、生物学等领域。

在 XRD 测试过程中，X 射线源发出的高能 X 射线束经过一个入射光阑进入样品，X 射线与样品中的原子发生相互作用，被散射或衍射，形成一系列衍射斑点。这些衍射斑点对应于样品中的晶体结构和晶格参数。在检测器上收集到的衍射斑点的位置和强度，可以通过分析程序进行处理，从而得到样品的晶体结构和晶格参数等信息。

XRD 的应用范围非常广泛。在材料科学中，X 射线衍射可被用于研究材料的结晶状态、晶体缺陷、晶格畸变和晶体生长等问题。在化学和生物学中，XRD 可以用于研究分子结构、蛋白质结构、DNA 结构等。在矿物学中，XRD 可以用于确定矿物的晶体结构和组成。

另外，根据谱峰的宽度可得到晶粒的尺寸，通过观察其衍射峰半高宽(The full width at half maximum，FWHM)可以判断晶体质量，半高宽越小说明晶体质量越高。本书中 XRD 主要用于测定 GaN 的晶向。

XRD 系统工作原理如下：晶体受到 X 射线照射(Cu Ka 射线源，$\lambda =$

0.154nm)，形成了晶体的衍射波。图 2-6 为 X 射线衍射的示意图。衍射方向以衍射角 2θ 表示。XRD 可以测定衍射峰的位置，然后借助对标准图谱的检索，就能够确定材料的晶格结构。由布拉格方程 $d_{hkl} = n\lambda/2\sin\theta$(其中 d 为晶面间距、n 为衍射级数、λ 为 X 射线的波长、θ 为入射角)，算出晶面间距 d。

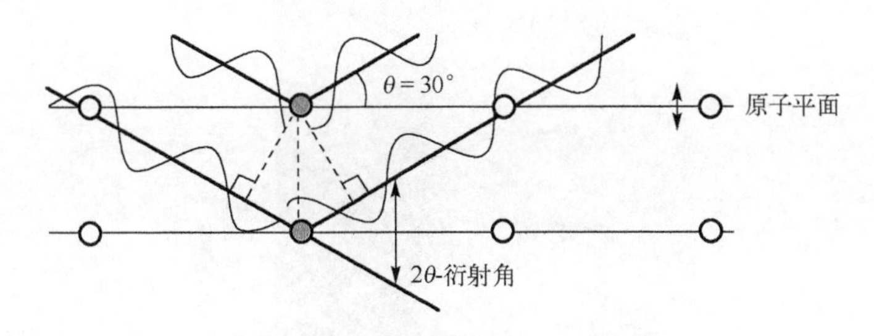

图 2-6　X 射线衍射示意图

本书所用仪器型号为 D8 Advance X-ray diffractometer，其主要技术指标：

测量角度(2θ)：10～140°；

最小步长：10^{-4}；

角度准确性：≤10^{-4}。

2. X 射线光电子能谱测试系统

1958 年，Siegbahn 等人观测到光峰现象，这为 X 射线光电子能谱(X-Ray Photoelectron Spectroscopy，XPS)技术奠定了理论基础。XPS 可以对固体表面的元素价态、成分、电子态密度等进行测定，用途广泛。本书中 XPS 能谱测试系统主要用于元素价态的测定(图 2-7)。

X 射线光电子能谱仪的工作原理如下：$E_b = h\nu - E_c - W_s$(E_b 为电子结合能，$h\nu$ 为光子的能量，E_c 为动能，W_s 为功函数)，用 X 射线照射固体时，当其能量一定后，若测出功函数和电子的动能，即可求出电子的结合能。由于只有表面处的光电子才能从固体中逸出，因而测得的电子结合能必然反映了表面化学成分的情况。

本书所用仪器型号为 ESCALAB 250(Thermo Fisher Scientific)，其主要技术指标：

最佳能量分辨率：0.45eV；

最佳空间分辨率：3μm（XPS 成像）；

单色光源最佳灵敏度：10^6cps（AlKα 0.60eV Ag3d5/2 峰）；

最佳真空度：1.7×10^{-10}mbar；

离子枪束斑：<150μm。

图 2-7　XPS 能谱测试系统实物图

2.2.4　光学特性测试方法

1. 光致发光光谱仪

光致发光（photoluminescence，PL）光谱仪可以无损害、快速地测定半导体材料的杂质、缺陷（如位错等）以及发光特性。常用于禁带宽度、合金的组分、杂质元素、发光效率以及少数载流子寿命的测定。本书中主要用于 GaN 基薄膜的禁带宽度、光致发光特性及合金组分的测定。

光致发光仪（图 2-8）工作原理：当光源能量大于物质的带隙能量时，物质吸收光子跃迁到较高能级的激发态后返回低能态，同时放出光子的过程。通常包括吸收、能量传递、光发射三个阶段，其中能量传递是由于激发态的运动，而另外两个阶段都发生在能级之间的跃迁。通过对材料 PL 光谱的测定，分析其光学特性。

光致发光光谱仪通常由一个激发光源、一个样品室、一个发光检测器和一个数据采集单元组成。在测量过程中，激发光源会发射一束能量较高的光，照射到样品上。样品受到激发后会产生激子或激发态，当它们退激发时会发生发光。发光信号会被发光检测器检测到并传输到数据采集单元，数据采集单元会将发光信号转换成光致发光光谱，并提供样品在不同波长下的发光强度信息。

光致发光光谱仪广泛应用于半导体、有机电子材料、钙钛矿材料、光催化材料、发光材料和生物医学等领域。例如，在半导体材料领域中，光致发光光谱仪可以用于研究半导体材料的能带结构、激子和激发态的性质；在钙钛矿材料领域中，光致发光光谱仪可以用于研究钙钛矿材料的光催化性能；在生物医学领域中，光致发光光谱仪可以用于研究细胞和组织中的荧光分子的性质和分布。

本书所用仪器型号：325/405nm 激光器（Kimmon Koh；IK5651R-G）；405nm 半导体激光器；光谱仪（Jobin Yvon；iHR320）；单色仪（Jobin Yvon；Triax 190）；探测仪 CCD（Jobin Yvon；1024×256-OPEN-SYN）。

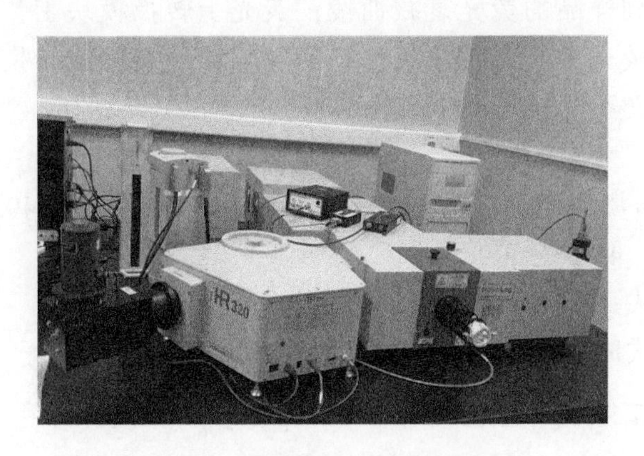

图 2-8　光致发光光谱仪实物图

2. 时间分辨荧光光谱仪

时间分辨荧光光谱仪（图 2-9）由时间相关单光子计数模块和荧光上转换模块两部分组成。它可以记录半导体某个带隙对应的能量下荧光光谱（如PL光谱）随时间的变化，进而研究其物理和化学的瞬态过程，从而得到普通荧光积分光谱不能捕获的信息。

时间分辨荧光光谱揭示了许多与微观粒子运动规律和相互作用相关的新奇的现象以及其内在的机理，例如：可以用来研究电子的转移、分子激发态寿命、化学和光生物学的瞬态过程、鉴别物质种类等。本书中时间分辨荧光光谱主要用于 GaN 基 LED 薄膜 PL 寿命的测定。其工作原理如下：

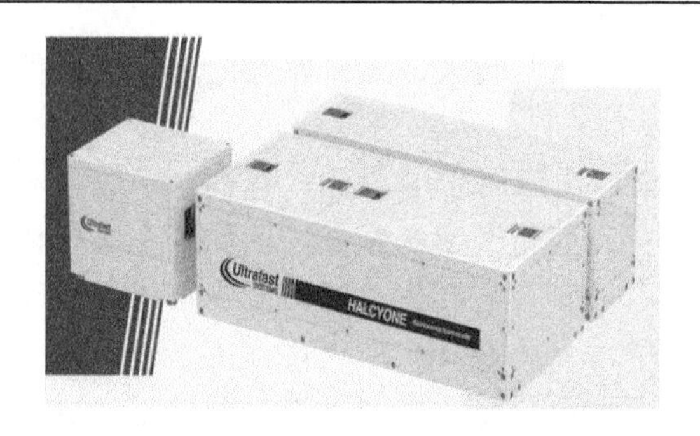

图 2-9　时间分辨荧光光谱仪实物图

时间相关单光子计数模块工作原理：采用一串窄光脉冲激发样品，记录样品发射第一个 PL 光子到达光接收器的时间，建立光子时间分布的直方图，就可得到样品的荧光衰减曲线；荧光上转换模块工作原理：利用飞秒激光与瞬态荧光合频，生成频率是两者加和的飞秒上转换荧光信号。

本书所用仪器型号为 Halcyone(美国 Ultrafast System)，其主要技术指标如下：

Ti：蓝宝石激光器(Maitai HP，Spectra-Physics)：$\lambda = 405$nm，80MHz；

光谱范围：400～1600nm；

上转换模式：400～1600nm；

上转换模式时间窗口：3.3ns。

3. 紫外-可见分光光度计(UV-Vis spectrophotometer)

1665 年，牛顿提出了分光光度法，证明了太阳光本质上是复合光。1945 年，美国 Beckman 公司研发出第一台商用紫外-可见分光光度计。分光光度计可以用于测量粉末、薄膜、溶液等物体的吸收谱(透射谱)或反射谱。本书中主要采用紫外-可见分光光度计测试 GaN 基薄膜的吸收谱和反射谱。

分光光度计工作原理是将成分复杂的光，分解为光谱线的科学仪器(图 2-10)。采用单色器技术，波长范围 185～3300nm。若配合不同的附件就可以用来测试样品的吸收谱(透射谱)或反射谱。

本书所用仪器型号为 Hitachi U-4100。其技术指标如下：

紫外可见区可调带宽 0.01～8nm；

近红外区可调带宽 0.1nm。

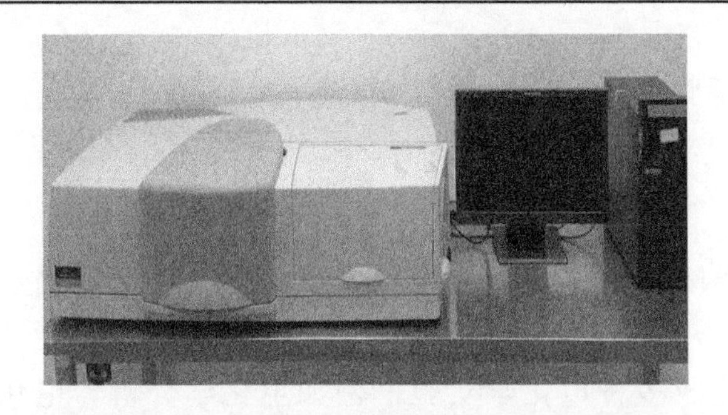

图 2-10 紫外-可见分光光度计实物图

2.2.5 力学特性测试方法

1928年，印度科学家C.V.拉曼发现了拉曼散射效应。当光照射到物质上时会发生散射，散射光中除了与激发光频率相同的弹性成分(瑞利散射)外，还有比激发光的频率低的和高的成分，后一现象统称为拉曼效应。由分子振动、固体中的光学声子等元激发与激发光相互作用产生的非弹性散射称为拉曼散射，一般把瑞利散射和拉曼散射合起来所形成的光谱称为拉曼光谱。其应用范围遍及物理学、化学、生物学和医学等领域，对于纯定性分析、高度定量分析和测定分子结构有很大价值。本书中拉曼光谱技术主要用于研究薄膜的应力，拉曼光谱仪实物图如图2-11所示。

本书中所用到的仪器型号：NEXUS 670；

技术指标：最高分辨率 $0.09cm^{-1}$。

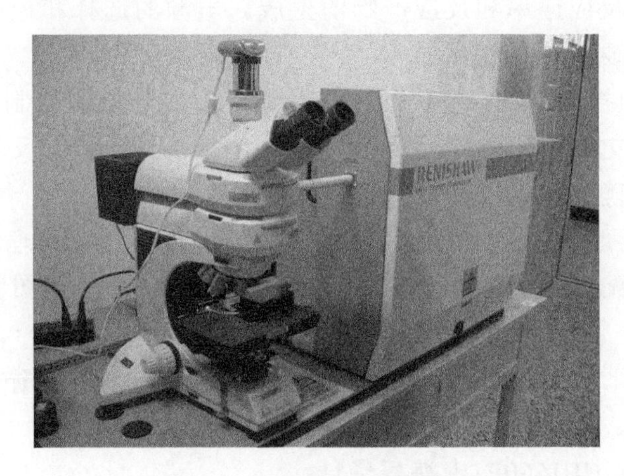

图 2-11 拉曼光谱仪实物图

2.2.6　电学特性测试方法

1. 电化学工作站

电化学工作站是一种专用的实验仪器，它结合了电化学分析技术和电化学研究技术，广泛应用于化学、生物、环境、材料、能源等领域。电化学工作站可以完成多种电化学实验，例如电化学分析、电化学合成、电化学腐蚀等。

电化学工作站通过将电流引入电化学池中，实现对样品进行电化学实验。电化学池通常由阳极、阴极和电解质溶液组成。阳极和阴极是电极，它们的材料和形状可以根据实验需要进行选择。电解质溶液中含有电荷载体(阳离子和阴离子)，可以导电。在电化学池中，阳极和阴极之间的电势差会引起电子和离子在电化学界面上的转移，产生电化学反应。通过测量电化学反应的电流或电势，可以获得有关样品的电化学信息，例如电化学反应速率、反应物浓度、电极表面的电化学行为等。

电化学工作站通常包括以下部分：

(1)电化学池：电化学池是电化学工作站的核心部分。它包括阳极、阴极和电解质溶液，并可根据实验需要进行选择和更换。电化学池的设计和材料选择对电化学实验的结果和精度有重要影响。

(2)电源：电源是提供电流的设备。电化学实验通常需要稳定的电源，以控制电化学反应速率和反应产物的生成。电源的选择和控制系统的设计需要根据实验要求进行优化。

(3)测量和控制系统：电化学工作站通常配备测量和控制系统，可以实时监测电流、电势、电位、温度等实验参数，并自动调节反应条件，保证实验结果的准确性和重现性。

(4)数据处理软件：电化学实验通常需要对数据进行处理和分析，电化学工作站通常配备数据处理软件，可以进行数据处理、绘图和结果解释等工作。

本书中电化学工作站(图 2-12)主要用于 GaN 基薄膜的循环伏安法、线性扫描伏安法、交流阻抗法、计时电流法测试。

仪器型号：CHI660E(上海辰华)。

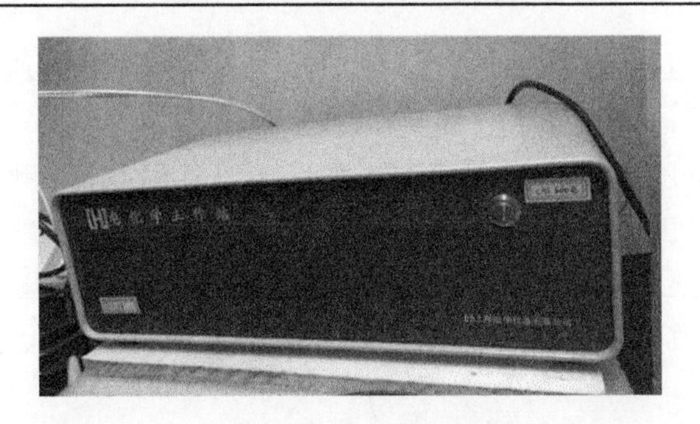

图 2-12　CHI660E 电化学工作站实物图

2. 电化学阻抗能谱系统

1970 年，成熟的恒电位仪技术为电化学阻抗能谱(Electrochemical Impedance Spectroscopy，EIS)技术奠定了基础。EIS 技术通常用于研究金属腐蚀、半导体电化学刻蚀、电池、电容器等领域。本书中主要采用 EIS 技术来研究 GaN 薄膜的刻蚀机理。

工作原理：电化学系统被施加一个频率不同的小振幅的交流电势波，通过测量阻抗随正弦波频率的变化，进而可分析电极过程动力学、双电层和扩散等，研究电极材料、腐蚀防护等电化学过程的机理。电化学阻抗能谱系统实物图如图 2-13 所示。

本书中所用到的仪器型号：ACM Instruments Field Machine。

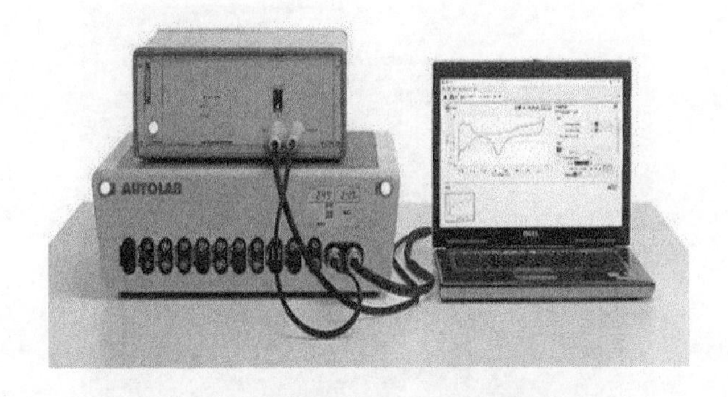

图 2-13　电化学阻抗能谱系统实物图

3. 半导体参数测试仪

半导体参数测试仪是一种用于对半导体器件进行质量检验和性能

测试的设备，可以测量出半导体器件的电学参数。它通常具有以下测试功能：

(1)电流-电压测量功能：可测量半导体器件的直流特性；

(2)电容-电压测量功能：可测量半导体器件的电容特性；

(3)静态参数测量功能：可测量半导体器件的截止电压、饱和电流等；

(4)动态参数测量功能：可测量半导体器件的开关速度、放大倍数、频谱响应等。

半导体参数测试仪主要分为以下几个部分：

(1)信号源：产生需要测试的电信号；

(2)信号调制器：对信号源产生的电信号进行调整，以满足测试要求；

(3)测试主机：对半导体器件进行电参数测试；

(4)测试夹具：固定被测试的半导体器件，并建立测试引脚与半导体器件引脚之间的电路联系；

(5)数据处理设备：将测试数据进行处理，并生成测试报告。

半导体参数测试仪(图 2-14)在半导体制造与应用领域中扮演了重要的角色，它不仅可以用于半导体器件研究，还可以用于电子产品的制造和测试。本书使用 AgilentB1500A 型半导体参数测试仪对 GaN 基 LED 进行了电流-电压测试，研究两种不同衬底上外延生长的 GaN 基 LED 的直流特性的差异。

图 2-14 半导体参数测试仪实物图

2.2.7 其他测试方法

1. 比表面积分析仪

比表面积分析仪是一种用于测量固体材料比表面积的仪器，主要基于Brunauer-Emmett-Teller(BET)理论。BET理论认为，当气体分子被吸附在固体表面时，它们会在表面形成单层。当进一步吸附气体时，新的气体分子将被吸附在已存在的单层上。这样的吸附过程被称为多层吸附。根据BET理论，多层吸附的气体分子数量与吸附压力之间存在一个线性关系，从而可以通过测量吸附气体分子数量与吸附压力之间的关系来计算固体表面积。

比表面积分析仪通常由一个气体分子吸附仪、一个真空系统、一个气体分子检测仪和一个数据采集单元组成。在测量过程中，样品首先被加热至高温，以去除表面吸附的水分和其他杂质。然后，样品被置于一个恒温恒湿环境中，吸附一个已知浓度的气体分子，如氮气或氩气。随着气体分子的吸附，样品表面的总吸附量增加，从而可以计算出固体的比表面积。

比表面积分析仪(图2-15)在材料科学、化学、环境科学等领域广泛应用。例如，在催化剂领域，比表面积分析仪可以用于评估催化剂的活性和稳定性；在纳米材料领域，比表面积分析仪可以用于评估纳米颗粒的表面积和孔径分布；在环境监测领域，比表面积分析仪可以用于测量大气颗粒物的比表面积。

仪器型号：ASAP 2020。

图2-15 ASAP 2020比表面积分析仪实物图

2. 气相色谱仪

气相色谱仪是一种基于气相色谱原理的分析仪器。它通过将样品中的化合物蒸发成气态，然后利用气体在固定相(固体或涂层)上的分配行为，将不同化合物分离出来，再利用检测器进行定量分析。下面是气相色谱仪的具体组成部分及其工作原理。

(1)气瓶和气路。气相色谱仪需要使用高纯度的惰性载气，如氦、氮或氢气。气瓶中的气体先经过减压器、可调节流量计和芯柱载气气路进入进样口或者分离柱。

(2)进样系统。气相色谱仪进样系统通常包括自动进样器或手动进样器、进样口、进样室、进样针等部分。进样器将样品注入到分离柱的载气流中，并将它们快速和均匀地分配到柱中，允许多个样品进行连续分析。

(3)柱子。气相色谱仪柱子是非常重要的组成部分。现在的气相色谱仪柱子通常采用毛细管柱或毛细管柱填充材料，如硅胶、聚四氟乙烯等。毛细管柱可以分离出分子结构相似的化合物，但是只用于一小部分应用；填充柱可以分离更多类型的化合物。

(4)热电离检测器。气相色谱仪使用热电离检测器(TID)进行定量测量，TID 通过将样品/化合物引入热化学离解区，去除化合物的电子，产生电子对，进而产生电位信号。TID 检测器十分敏感，可以检测最低至 ppb 级别的化合物。

总之，气相色谱仪是一种高效准确的分析仪器(图 2-16)，能够根据化合物物性以及带有不同流量和压力的气相，实现不同化合物成分的定量分离测量。本书使用 Huaai GC9560 气相色谱仪对光解水过程中生成的 H_2 和 O_2 的体积进行定量测量。

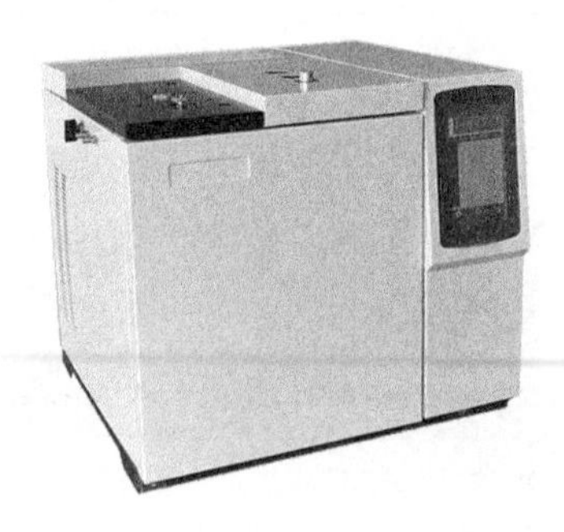

图 2-16　气相色谱仪实物图

第 3 章　GaN 薄膜在预刻蚀阶段的电化学刻蚀机理

GaN 作为宽禁带直接带隙半导体，在禁带宽度、导热性、电子漂移饱和速度、介电常数等方面具有突出的优点，近年来成为半导体研究领域的热点，其在高压、高频、高功率等电子器件领域以及紫外、蓝、绿光探测器等光电子器件领域应用广泛[96-97]。由于 GaN 单晶衬底价格极为昂贵，因此 GaN 单晶薄膜通常采用异质外延法进行生长。该法会导致单晶薄膜存在内应力和缺陷增多等缺点，而这些缺点会限制其在光电器件领域中的应用[98]。根据最新研究发现，电化学刻蚀技术可解决上述问题[99,100]。

早在 2012 年，Xiao 和 Han 等人[100]就发现 GaN 电化学刻蚀可以分为预刻蚀(Ⅰ)、刻蚀(Ⅱ)、抛光(Ⅲ)三个阶段(图 3-1)。在阶段(Ⅰ)，刻蚀电压较低，GaN 表面缺陷发生刻蚀，从而形成表面补丁；在阶段(Ⅱ)，NP-GaN 薄膜的孔隙率随着刻蚀电压的增加而增加；在阶段(Ⅲ)，电压过

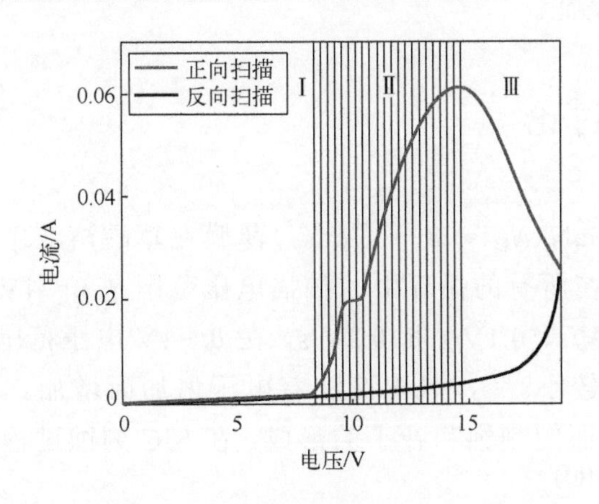

图 3-1　典型的 n-GaN 单晶薄膜阳极电流-电压曲线

高，GaN 薄膜发生电化学抛光。近年来，大量的研究主要集中在刻蚀的第二阶段，而关于 GaN 薄膜刻蚀机理的报道较少。电化学阻抗能谱技术可以揭示半导体材料的电化学刻蚀机理[101]，然而这项技术还没有用于 GaN 薄膜的刻蚀机理的研究。本章采用电化学阻抗能谱等技术研究草酸溶液中 n-GaN 单晶薄膜在预刻蚀阶段的刻蚀机理。

3.1 实验部分

采用 MOCVD 方法在 c 面蓝宝石衬底上外延生长 n-GaN 薄膜。首先在蓝宝石衬底上生长缓冲层和恢复层，直至样品表面平整；然后再生长 Si 掺杂的 n-GaN 薄膜(厚度 2μm)，其掺杂浓度为 10^{18}～$10^{19}cm^{-3}$[101]。电化学工作站被用来研究 GaN 薄膜的循环伏安和计时电流特性。其中，计时电流测试是在不同的电压台阶下(0.010V，0.020V，0.035V，0.050V，0.068V，0.100V，0.180V，0.260V，0.400V，0.560V，0.850V 和 1.000V)进行的，时间是 10ms。这些电压台阶是根据循环伏安曲线的形状确定的。电化学阻抗能谱是以 n-GaN 薄膜作为工作电极、铂电极作为对电极、甘汞电极(SCE)作为参比电极，在三电极系统中进行，其测试频率为 0.1～10^5Hz。电解液是草酸溶液，其浓度在 0.1～0.5M 之间可调。阳极刻蚀是在恒电压下进行的，刻蚀电压和时间分别为 0.9V 和 360min。样品表面形貌用 SEM 进行表征。

3.2 结果和讨论

图 3-2 是 n-GaN($N_D = 8\times10^{18}cm^{-3}$)薄膜在草酸溶液中在预刻蚀阶段的循环伏安曲线。在所有的循环中，扫描电压范围是 0～1V，扫描速率分别为 0.02V/s、0.05V/s、0.1V/s 和 0.2V/s。在 0～1V 电压范围内，流过 n-GaN 电极的漏电流比较小[102]，且电流随着电压增加而增加。如此小的漏电流暗示了 n-GaN 表面的刻蚀和补丁的形成。在 SiC 刻蚀过程中也观察到了相似的电化学特性[103]。

在图 3-2 中，电流由两部分组成，其分别是法拉第电流和非法拉第电流，而非法拉第电流又包含阶跃充电电流和感生电流两部分[104]。为了评估法拉第电流在整个电流中的贡献，测试了 n-GaN 薄膜 ($N_D = 8\times10^{18}\mathrm{cm}^{-3}$) 的计时电流特性。

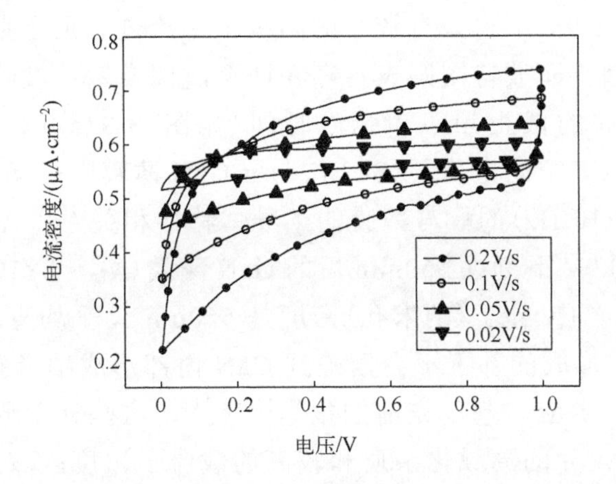

图 3-2　n-GaN 薄膜在 0.3M 草酸溶液中的循环伏安曲线

图 3-3(a) 显示，电流随阶跃电压的增加而增加。多元曲线分辨-交替最小二乘法 (MCR-ALS) 可以从多重信号中提取出每一种信号[105-107]。基于这个方法，可以从图 3-3(a) 中提取出图 3-3(b) 所示的伏安图。从图中可以看出，能带弯曲较小时 (电压<0.4V)，随着法拉第电流增加充电电流随之增加。其原因可能是由于表面活性的增加所导致的。能带弯曲较大时 (电压>0.4V)，刻蚀导致活性面积向样品表面的平面面积靠拢，充电电流随法拉第电流的增加而减小 (在莫特-肖特基曲线中将进行详细的讨论)。

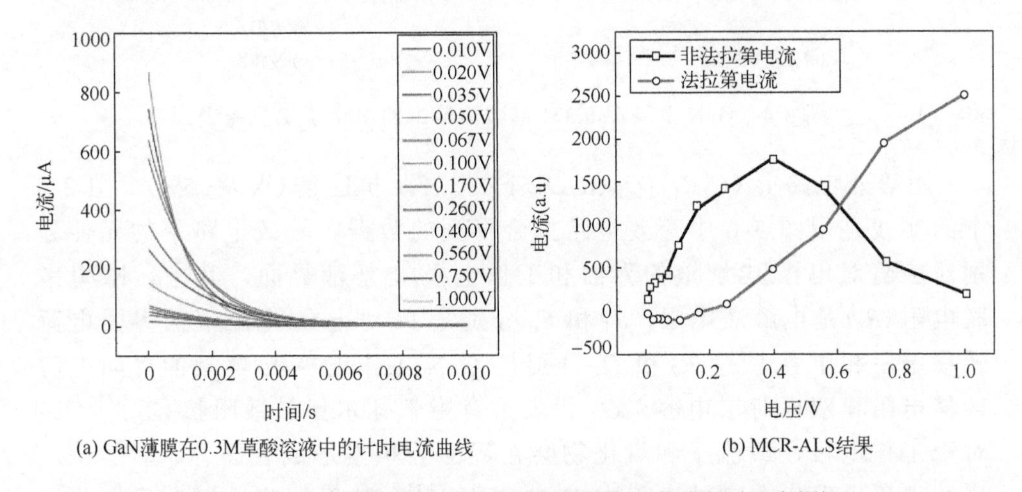

(a) GaN薄膜在0.3M草酸溶液中的计时电流曲线　　(b) MCR-ALS结果

图 3-3　GaN 薄膜的计时电流特性曲线和伏安图 (见彩图)

根据阻抗能谱分析，可以得到界面电容的数值。图 3-4 是在 0.3M 草酸溶液中在 0.9V 电压下 GaN($N_D = 8\times10^{18}cm^{-3}$)的阻抗能谱(包含尼奎斯特图和波特图)。在 0.9V 下，只有较小的阳极电流流过。尼奎斯特图呈现出两个典型的电容圈，而波特图则表示存在两个时间常数。波特图给出了与刻蚀限制阶段相关的截止频率和弛豫时间(见图 3-3(a))。低频处(10^{-2}～10^2Hz)的峰对应着空间电荷层(SCL)，与 n-GaN 薄膜中氧化物的形成相关；而高频处(10^2～10^5Hz)的峰与薄膜的半导体特性相关[108]。图 3-5 是在 0.3M 草酸溶液中在 0.9V 下刻蚀 360min 后的 GaN 薄膜($N_D = 8\times10^{18}cm^{-3}$)的表面 SEM 图。在 0.9V 下，补丁(纳米孔)密度是 550μm^{-2}，平均直径是～20.5nm。此外，GaN 表面形成的补丁不会繁殖到 GaN 内部形成纳米孔洞，这是因为缺乏空穴的持续供应。基于先前的报道[109-111]，这些补丁通常在表面缺陷处(例如：纳米尺寸的局域化杂质和较高的载流子浓度区域)形成。

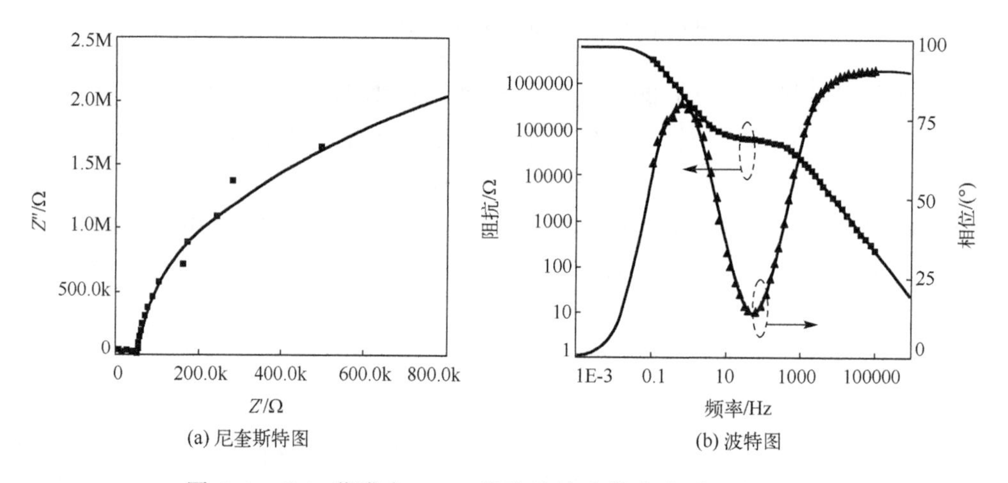

(a) 尼奎斯特图　　(b) 波特图

图 3-4　GaN 薄膜在 0.3M 草酸溶液中的电化学阻抗能谱

用等效电路 $R_s(C_1R_1)[Q_2(R_2O_2)]$来拟合阻抗能谱(误差<5%)。图 3-4 中的实线是用图 3-6 中等效电路拟合得到的数据。等效电路中的元件分别对应着对电极/电解液的界面和工作电极/电解液界面。其中，欧姆串联电阻(R_s)是电解液电阻，R_1 和 C_1 分别是 Pt 对电极/电解液的界面电荷转移电阻和电容[111]，R_2 和 Q_2 分别是 GaN 工作电极/电解液的界面电荷转移电阻和双电荷层电容，O_2 代表了有限长瓦尔堡扩散阻抗(Z_D)[112]。对于工作电极，载流子和氧化物会在界面处积累形成表面补丁[108,112]，这个现象也发生在刻蚀过程中 GaN 表面[113]。基于这些认识，我们使用

电化学阻抗能谱技术分别研究了 R_2 和 Q_2 与掺杂浓度、偏压和草酸浓度之间的相互关系。

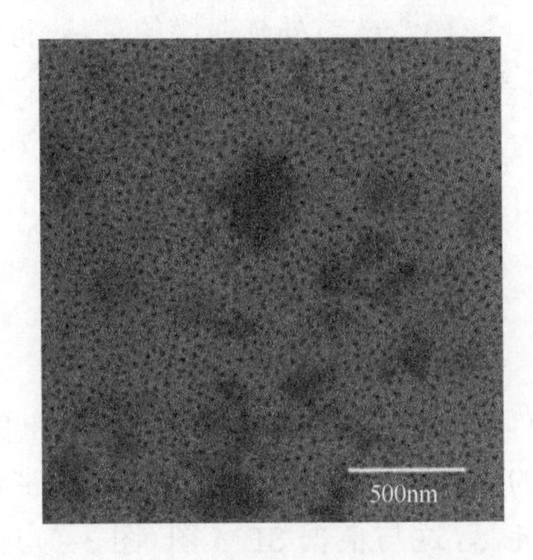

图 3-5　GaN 薄膜的表面 SEM 图

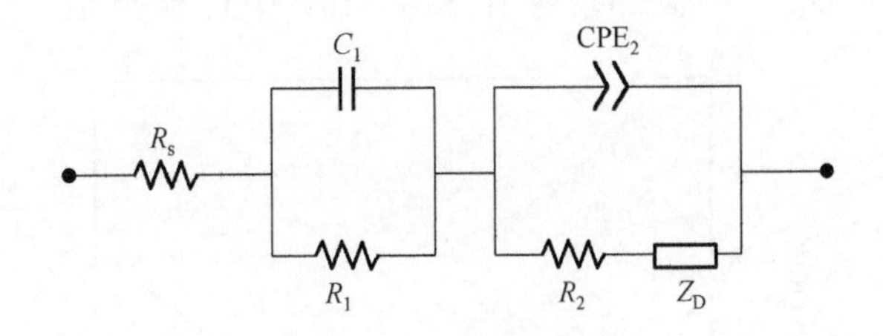

图 3-6　等效电路模型

(R_s 是溶液电阻；R_1 和 C_1 分别是铂电极和溶液之间的电荷转移电阻和电容；R_2，CPE_2 和 Z_D 分别是工作电极和电解液之间的电荷转移电阻，常向量元件和有限长瓦尔堡扩散阻抗)

当 n-GaN 电极与电解液相接触时，电荷在界面处再分配形成双电荷层(SCL)，双电荷层具有三个典型的区域：SCL 层在半导体一侧，亥姆霍兹层(HL)和扩散层(DL)在电解液一侧。由于亥姆霍兹层电容(C_H)≫空间电荷层电容(C_{sc})[114]，C_H 和 C_{sc} 串联后的总电容可以被 C_{sc} 代替，这样的总电容 Q_2 只取决于半导体自身。根据莫特-肖特基公式(3-1)，C_{sc} 与半导体的 N_D 和平带电位(U_{fb})成正比。

$$C_{sc}^{-2}=\frac{2}{q\varepsilon\varepsilon_0 N_D A^2}\left(U-U_{fb}-\frac{kT}{q}\right) \tag{3-1}$$

其中，ε_0 是真空的介电常数，ε 是 GaN 相对介电常数，A 是薄膜电极的面积，U 是偏压，q 是电子所带电量，k 是玻尔兹曼常量，T 是绝对温度。基于先前的报道，平面 GaN 薄膜的 U_{fb} 是−0.8V。

图 3-7 是 GaN($N_D = 8\times10^{18}cm^{-3}$)外延薄膜的莫特-肖特基曲线($C_{sc}^{-2}$vs V)。莫特-肖特基曲线的斜率是正的，表明实验所用 GaN 是 n 型半导体材料。在 0～1V 电压范围内，由于漏电流可以导致刻蚀和表面补丁的形成(见图 3-5)，因此表面补丁的几何形状可用来解释电容的变化。

$$d_{sc} = \left(\frac{2\varepsilon\varepsilon_0 |U - U_{fb}|}{qN_D} \right)^{1/2} \tag{3-2}$$

由式(3-2)可知空间电荷层的宽度(d_{sc})随着电压的增加而增加。能带弯曲较小时，耗尽层的内边缘沿着补丁的轮廓。能带弯曲足够大时，补丁周围区域载流子完全耗尽，这与根据 SEM 图(图 3-5)进行的估算是吻合的。当样品表面完全耗尽时，电极面积与平面电极面积相当。因此，根据图 3-7 不能精确计算出 U_{fb}。相似的现象在 Si 和 InP 中已被报道[115,116]。

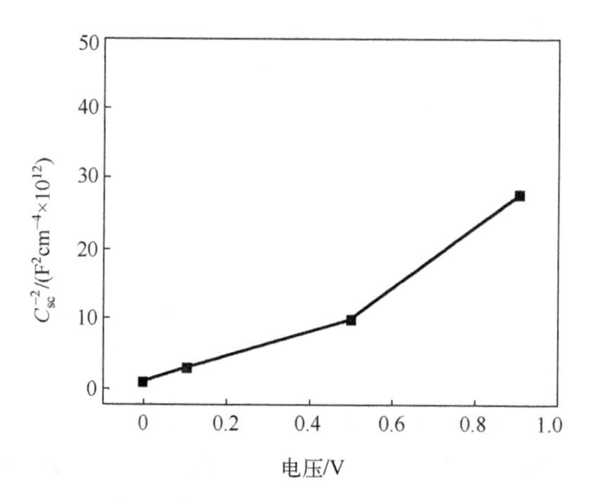

图 3-7　GaN 薄膜在 0.3M 草酸溶液中的莫特-肖特基曲线

在电化学刻蚀过程中，NP-GaN 具有如下的形成机理[112]：

$$GaN + 3h^+ + 3H_2O \rightarrow Ga(OH)_3 + \frac{1}{2}N_2 + 3H^+ \tag{3-3}$$

其中，h^+是 GaN 薄膜在没有紫外光的条件下离子化形成的空穴。$Ga(OH)_3$ 在酸性介质中稳定性差，发生溶解转化为 Ga^{3+}，反应如下：

$$Ga(OH)_3 + 3H^+ \rightarrow Ga^{3+} + 3H_2O \tag{3-4}$$

式(3-3)和式(3-4)分别对应氧化过程和溶解过程。这些反应会导致 GaN 薄膜表面孔洞的形成(见图 3-4)。

图 3-8 是电容(Q_2)和电阻(R_2)随刻蚀电压、掺杂浓度、草酸溶液浓度的变化关系图。如图 3-8(a)和(c)所示，电容随着刻蚀电压的增加而减小，随着掺杂浓度的增加而增加，这个变化规律可以由式(3-1)来解释。在其他刻蚀条件相同的情况下，刻蚀电压增加导致空穴增多，进而导致氧化物的生成速率增加(见式(3-3)、式(3-4))。由于刻蚀过程中所生成的 $Ga(OH)_3$ 比 GaN 具有更大的电阻率，因此 R_2 随着刻蚀电压的增加而增加。掺杂浓度的增加也可以导致 GaN 薄膜形成更多的空穴。然而，掺杂浓度的提高带来的 $Ga(OH)_3$ 的增加量不足以改变 R_2 随掺杂浓度增加而减小的趋势(见图 3-8(c))。

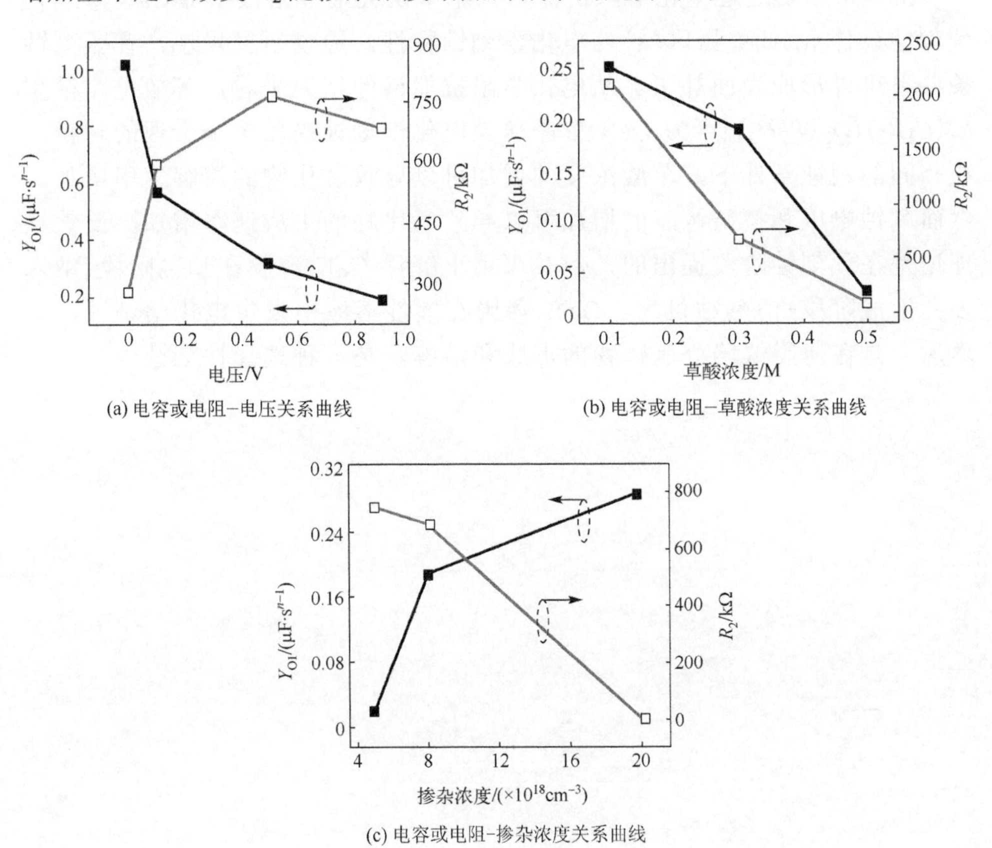

图 3-8　GaN 薄膜的电容电阻特性

图 3-8(b)为 GaN 薄膜的电容(Q_2)和电阻(R_2)与草酸浓度关系曲线。从图中可以看出，电容随着草酸浓度增加而减小。随着草酸浓度增加(不超过 0.5M)，赫姆霍兹层和扩散层的离子浓度随之增加，导致薄膜中的电压降减小，使加在薄膜上的实际电压增大，进而引起电容随着草酸浓度增加而减小(见图 3-8(b))。草酸浓度的增加不仅引起氧化物溶解速率的增加[117-123]，而且会导致空穴的增加。因此，R_2 的减小(见图 3-8(b))意味着随着草酸浓度增加，溶解速率大于氧化物的形成速率。

3.3 本章小结

在本章主要通过电化学阻抗能谱技术来研究酸性溶液中 n-GaN 薄膜在预刻蚀条件下(低电压区域)的电化学刻蚀特性。通过研究发现，在预刻蚀条件下可以形成表面补丁。从电化学阻抗能谱的结果来看，等效电路模型 $R_s(C_1R_1)[Q_2(R_2O_2)]$可为 GaN 单晶薄膜电化学刻蚀提供一个合理的解释。在相同的刻蚀条件下，草酸浓度的增加可以导致氧化物的溶解速率增加，然而刻蚀电压和掺杂浓度的增加可以导致氧化物的生成速率增加。虽然该理论是在预刻蚀阶段提出的，但其可用于解释 GaN 薄膜在刻蚀阶段(纳米多孔形成阶段)的刻蚀机理。GaN 薄膜在酸性溶液中发生电化学刻蚀，其本质上是在薄膜缺陷处氧化物的形成和溶解，是一种选择性刻蚀。

第 4 章　纳米多孔 GaN 薄膜的光催化特性

自从多孔 Si 被发现以来，多孔半导体材料已成为新的研究热点[2-5]。大的表面积、强的发光特性、能带可调制等优点使其应用领域从光电器件延伸至化学/生物化学传感器、光催化等领域[7]。使用电化学刻蚀技术制备的纳米多孔薄膜在环境修复和制备氢气等领域得到应用。近年来，使用多孔 Si 在太阳光下光催化降解有机染料的研究已引起人们的浓厚兴趣。然而，由于其在强酸强碱条件下具有较差的化学稳定性，因此限制了其在光催化领域中的应用。

GaN 作为宽禁带(3.4eV)直接带隙半导体，其导带底电势低于 $E^{o}(OH\cdot/OH^{-})$ (−0.28V vs. NHE)，价带顶电势高于 $E^{o}(O_2/O_2^{-})$ (2.27V vs. NHE)[81]。基于这个认识，GaN 已经被用于分解水和分解有机染料[31,83]。与 ZnO 和 TiO_2 相比，它具有更好的稳定性，这是由于其具有类陶瓷般的化学稳定性。而 NP-GaN 薄膜由于其简单的制备方法和大的表面积，成为一种有广泛应用前景的光催化材料。

本章采用电化学刻蚀技术制备 NP-GaN 薄膜，并系统地研究了其对 4BS 染料的光催化降解能力。与多孔 Si 相比，NP-GaN 薄膜具有更好的稳定性和更高的光催化能力。

4.1　实验部分

4.1.1　纳米多孔 GaN 薄膜的制备

分别以 n-GaN(0002)薄膜和 n-Si(100) (0.5～1Ω·cm)晶片作为阳极，以 Pt 作为阴极，在室光下 HF 溶液(体积比，HF∶无水酒精 =1∶1)中进行电化学刻蚀[124,125]。其中，GaN 薄膜是使用 MOCVD 方法在 c 面蓝宝石上外延生长的 GaN 薄膜($N_D = 8\times10^{18}cm^{-3}$)[126]。刻蚀实验在恒电压下进行，刻蚀时间 1min。刻蚀后用去离子水清洗并用 N_2 将其吹干。

样品形貌用 AFM 和 SEM 进行表征，而样品的发光特性用配备 He-Cd 激光器(325nm)的光致发光光谱仪进行表征。

4.1.2　光催化测试

实验降解的有机染料为直接耐酸大红 4BS(纯度>90%)，其分子式如下[127]：

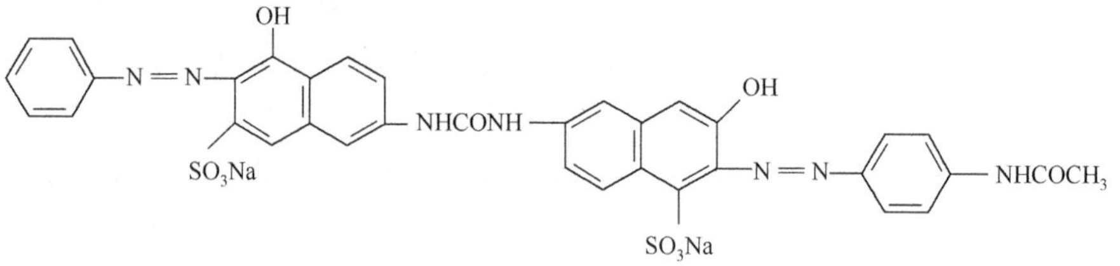

在 4BS 染料中含有 N ═ N 双键(发色团)、苯环和萘环等官能团，它们对应的紫外-可见(UV-Vis)吸收峰分别位于～498nm，～334nm 和～208nm。

将 $1cm^2$ 的 NP-GaN 薄膜和多孔 Si 样品分别放入盛有 4mL 4BS 染料溶液的石英试管中，在 30W 的汞灯(紫外灯源；$\lambda > 254nm$)照射下进行光催化实验。所用 4BS 染料溶液浓度是 $1.5\times10^{-5}mol\cdot L^{-1}$。使用 UV-Vis 分光光度计来测量 4BS 染料溶液的浓度。

4.2　结果和讨论

4.2.1　纳米多孔 GaN 薄膜的表征

SEM 被用来研究 NP-GaN 薄膜的微观形貌。图 4-1(a)～(d)是不同刻蚀电压下制备的 NP-GaN 薄膜的表面 SEM 图。由于 5V 刻蚀电压太低，不能诱发局域雪崩击穿，因此未形成纳米孔洞[128]。刻蚀电压从 10V 增加到 50V，GaN 纳米孔的密度从 $1.44\times10^{10}cm^{-2}$ 增加到 $4.9\times10^{10}cm^{-2}$，孔径从 17.5nm 增加到 35nm(见表 4-1)。孔密度的增多和孔径的增大是由于更强的电场诱发单位时间内更多的雪崩击穿造成的[129]。

图 4-1(e)～(h)是对应的切面 SEM 图。10V 电压下刻蚀深度仅有 100nm，刻蚀方向是$[000\bar{1}]$。30V 和 50V 电压下分别制备了垂直排列的纳

米孔洞，其孔半径随着刻蚀电压的增加而增大。这些现象表明刻蚀速率和孔半径与刻蚀电压大小有关。众所周知，较高的刻蚀电压可以激发更多的电子从价带跃迁到导带，从而产生更多的、具有强氧化能力的空穴(h^+)。因此，较高的刻蚀电压可以导致较快的刻蚀速度和较大的孔隙率[130]。

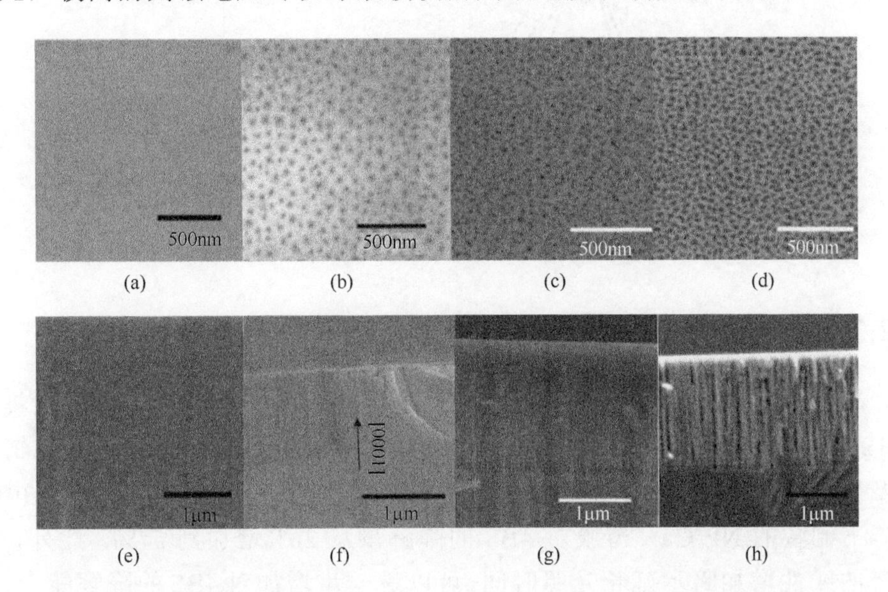

图 4-1 (a) 5V，(b) 10V，(c) 30V 和 (d) 50V 电压下获得的 NP-GaN 薄膜的表面 SEM 图；(e)～(h) 是对应的切面 SEM 图

表 4-1 不同刻蚀电压下制备的 NP-GaN 薄膜的粗糙度、孔密度和孔径

样品	电压/V	表面粗糙度/nm	孔密度/cm^{-2}	孔径/nm
参照	—	—	—	—
a	5	6	0	0
b	10	—	1.4×10^{10}	17
c	30	—	4.7×10^{10}	24
d	50	—	4.9×10^{10}	35

图 4-2 是不同刻蚀电压下制备的 NP-GaN 薄膜的室温 PL 光谱。与低电压制备的 NP-GaN 薄膜相比，高电压制备的 NP-GaN 薄膜的 PL 峰发生移动。这是由于 NP-GaN 薄膜中应力松弛导致的，这已经被 Raman 光谱[131]和 XRD 图谱[132]证实。此外，随着刻蚀电压增加，PL 峰增强，这主要是由于 NP-GaN 薄膜侧壁反射更多的光子导致光提取效率的提高所致[133]。

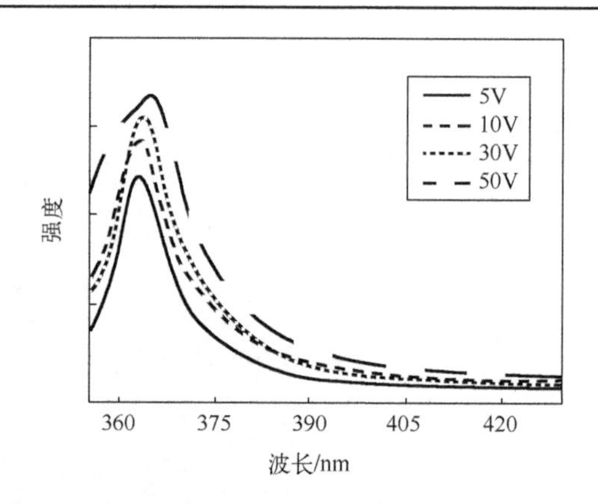

图 4-2　不同刻蚀电压下制备的 NP-GaN 薄膜的 PL 光谱

4.2.2　纳米多孔 GaN 薄膜的光催化活性

在紫外光照射下，研究不同电压下制备的 NP-GaN 薄膜降解有机染料(4BS)的光催化活性。图 4-3(a)和(b)分别是 4BS 降解量随时间的变化情况以及降解 8h 后 4BS 溶液的吸收谱。经过 8h 的紫外光照射，5V、10V、30V、50V 下制备的 NP-GaN 薄膜对 4BS 的降解量从 26%增加到 57%，此外，降解量的线性增加暗示延长光照时间，可以进一步增加对 4BS 的降解能力(见图 4-3(a))。由于刻蚀电压的增加可导致更大的表面积，因此，随着刻蚀电压增加，光催化降解能力之所以提高，可能主要与较高的表面积有关。

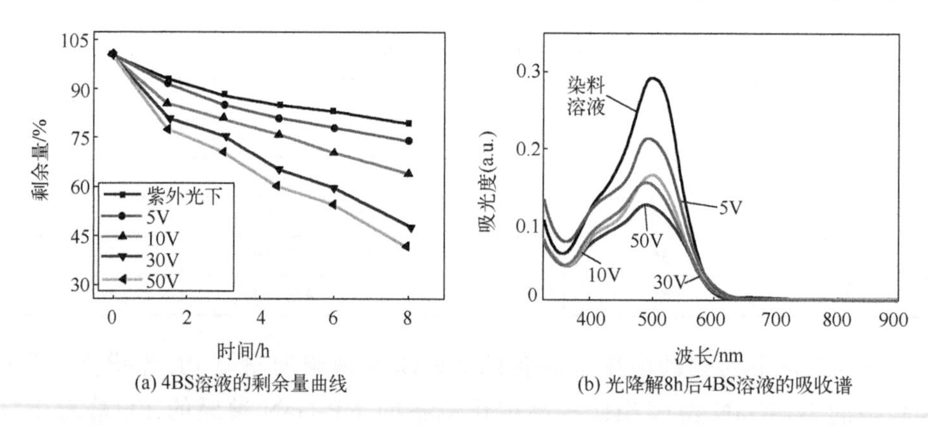

(a) 4BS溶液的剩余量曲线　　(b) 光降解8h后4BS溶液的吸收谱

图 4-3　不同 NP-GaN 样品光降解后 4BS 溶液的剩余量曲线和吸收谱

如图 4-4 所示，光催化降解过程分为 4 个阶段。阶段 I 是在紫外光下 NP-GaN 薄膜光激发产生电子-空穴对(见式(4-1))；阶段 II 是电子-空穴对的分离和转移；与此同时，电子-空穴发生复合(阶段Ⅲ)；阶段Ⅳ发生氧化还原反应(见式(4-2)～式(4-7))，所产生·OH 自由基可以氧化分解 4BS 有机染料(式(4-8))。其化学方程式如下所示：

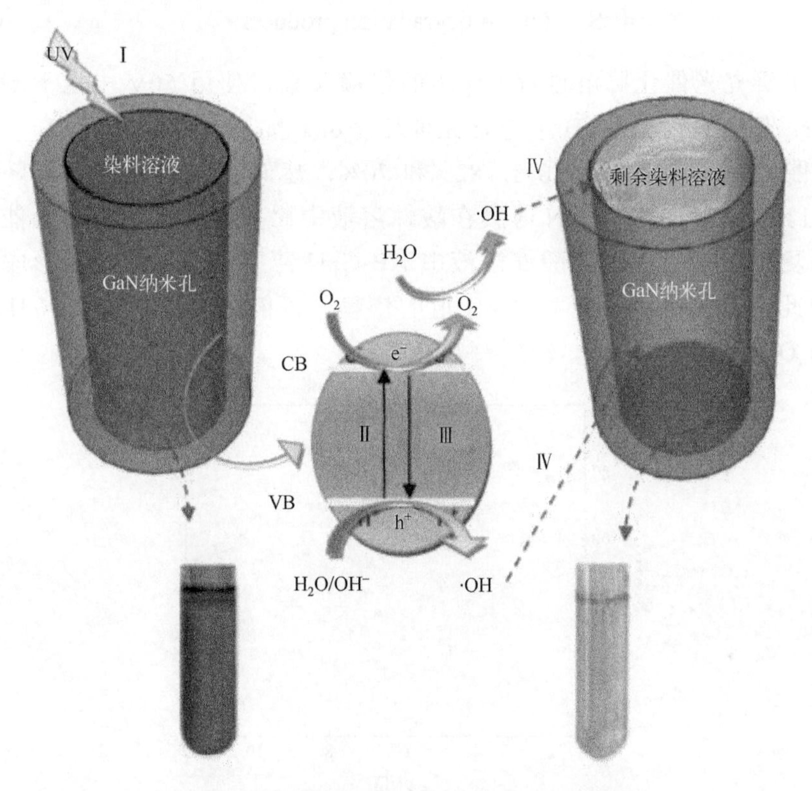

图 4-4　GaN 纳米孔光催化降解原理示意图
(Ⅰ)纳米孔的光致激发过程；(Ⅱ)电荷分离和转移；
(Ⅲ)是与(Ⅱ)同时进行的电荷复合；(Ⅳ)光辅助的氧化过程

$$GaN \xrightarrow{h\nu} h^+ + e^- \tag{4-1}$$

$$h^+ + H_2O \rightarrow \cdot OH + H^+ \tag{4-2}$$

$$h^+ + OH^- \rightarrow \cdot OH \tag{4-3}$$

$$e^- + O_2 \rightarrow \cdot O_2^- \tag{4-4}$$

$$\cdot O_2^- + H^+ \rightarrow \cdot OOH \tag{4-5}$$

$$e^- + \cdot OOH + H^+ \rightarrow H_2O_2 \tag{4-6}$$

$$H_2O_2 + e^- \rightarrow \cdot OH + OH^- \tag{4-7}$$

$$4BS + \cdot OH \rightarrow \text{degradation products} \tag{4-8}$$

为了研究光催化降解过程对 pH 的依赖关系，使用 50V 电压下制备的 NP-GaN 薄膜在不同的 pH 下进行光催化降解。如图 4-5 所示，pH = 2、3、5 的光催化降解量分别是 78%，82%和 70%，然而 pH = 9 的光催化降解量只有 41%。这表明 NP-GaN 薄膜在酸性溶液中比在碱性溶液中的光催化降解能力更强。这是因为在酸性溶液中 NP-GaN 薄膜表面比较容易形成 N-H 键；因此，光催化降解能力对 pH 值的依赖，可能是由于质子从 N-H 键向附近的 OH 群簇和水分子转移导致的[134]。

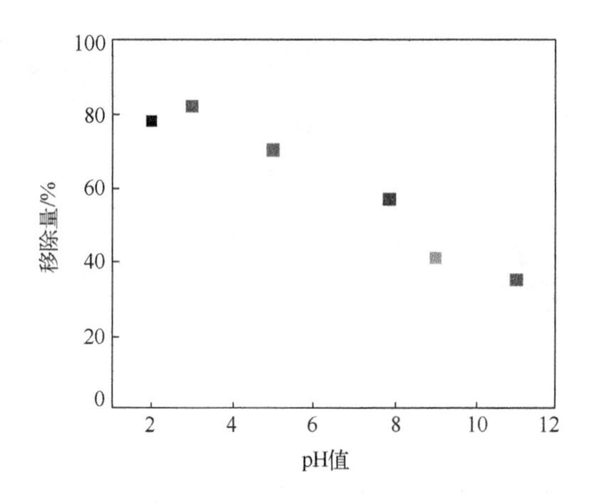

图 4-5 50V 电压下制备的 NP-GaN 样品在不同的 pH 值下对 4BS 的降解量

为了研究 NP-GaN 薄膜的稳定性，我们测试了 50V 电压下制备的 NP-GaN 样品在光催化降解前后的 SEM 图(见图 4-6)和 XRD 图谱(见图 4-7)。如图 4-6 和图 4-7 所示，在 pH = 2 的酸性溶液中光催化降解前后的 SEM 图和 XRD 衍射峰基本没有变化，这表明 NP-GaN 薄膜在强酸下进行光催化降解具有较好的稳定性，这与 GaN 纳米线具有较高的光催化稳定性是一致的。

4.2.3 纳米多孔 GaN 薄膜和多孔 Si 的光催化活性的对比

由于多孔 Si 对一些有机染料(如甲基红、苯酚、甲基橙等)具有较好的

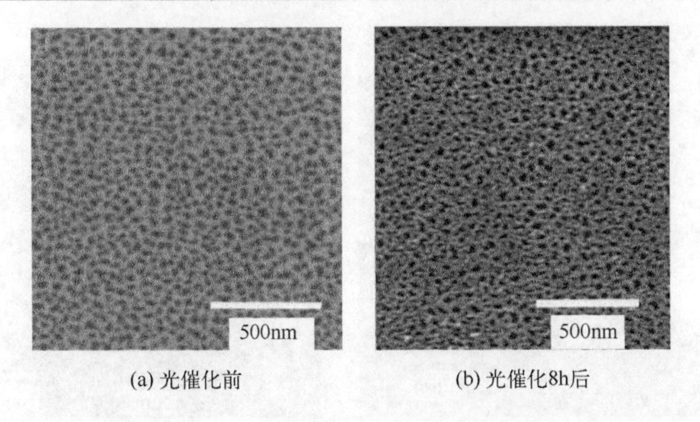

(a) 光催化前　(b) 光催化8h后

图 4-6　50V 电压下制备的 NP-GaN 样品的扫描电镜图像

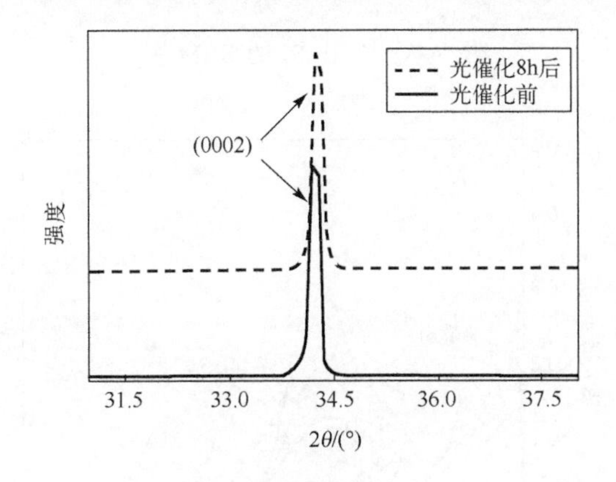

图 4-7　50V 电压下制备的 NP-GaN 的 XRD 图谱

光催化能力[135]，这里对 NP-GaN 薄膜和多孔 Si 在弱碱性条件下(pH = 8)的光催化活性进行对比。在氢氟酸溶液中通过电化学刻蚀制备了多孔 Si，刻蚀电压是 15V，刻蚀时间是 10min。图 4-8 是多孔 Si 的典型表面和切面 SEM 图。从图上可以看到，多孔 Si 的平均孔径是 300nm，孔密度是 $7.9\times10^9/cm^2$，孔深 60μm。平面面积是 $1cm^2$，多孔 Si 的表面积远远大于 50V 制备的 NP-GaN 薄膜的表面积。我们测试了 NP-GaN 薄膜和多孔 Si 样品光催化后的 4BS 溶液的吸收谱。实验发现(见图 4-9)：①NP-GaN 薄膜和多孔 Si 分别降解了 57%和 33%的 4BS 染料(波长 494nm)；②萘和苯环可以被 NP-GaN 薄膜光催化降解，但是采用多孔 Si 降解后的 4BS 溶液中芳香环的吸收峰却并未发生明显变化。这些现象表明 NP-GaN 薄膜可以同时降解 N ═ N 双键和芳香烃化合物，而多孔 Si 只能降解 N ═ N 双键[136]。

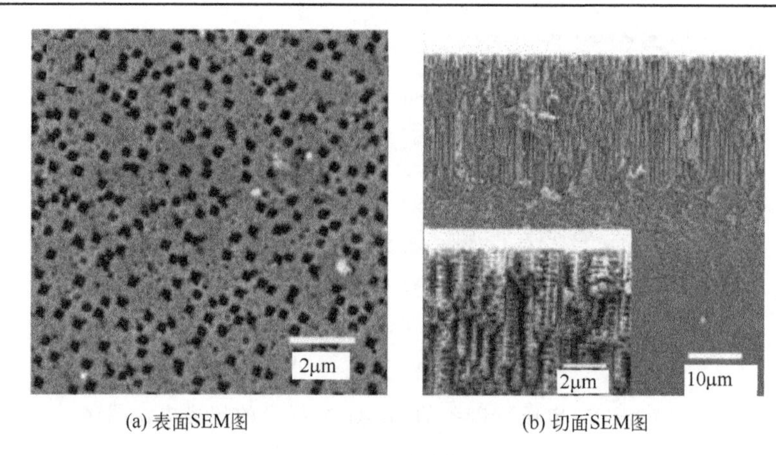

(a) 表面SEM图　(b) 切面SEM图

图 4-8　多孔 Si 的 SEM 图

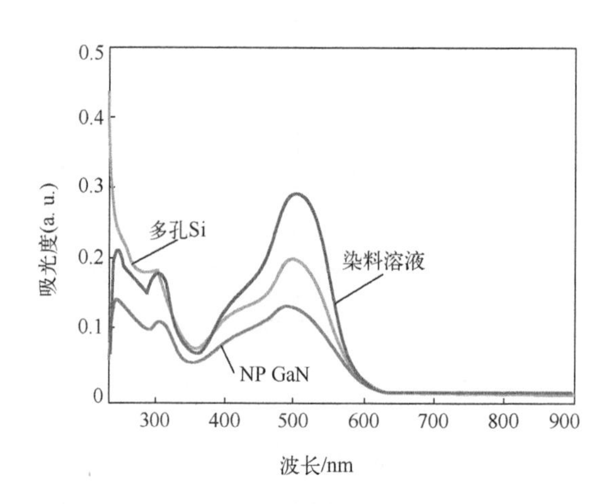

图 4-9　多孔 Si 和 NP-GaN 样品降解后剩余的 4BS 溶液的吸收谱

为了研究 NP-GaN 薄膜和多孔 Si 的光催化降解机制，图 4-10 给出了 GaN 和 Si 的能带图。NP-GaN 薄膜和多孔 Si 的 E_{CBM} 都低于 $E^{o}(OH/OH^{-})$，然而却只有 NP-GaN 薄膜的 E_{VBM} 高于 $E^{o}(O_2/O_2^{\cdot -})$[137]。因此，NP-GaN 薄膜不仅像多孔 Si 一样对 4BS 具有还原能力(见式(4-4)～式(4-8))，而且还具有氧化能力(见式(4-2)、式(4-3)、式(4-8))。此外，在碱性条件下光催化降解后，NP-GaN 薄膜的形貌基本没有改变，然而多孔 Si 层却被部分溶解。上述对比实验表明，NP-GaN 薄膜比多孔 Si 在光催化中具有更为广阔的应用前景。

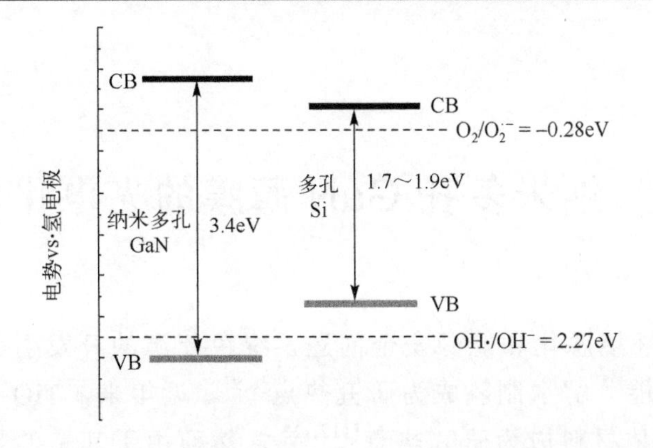

图 4-10　相对于标准氢电极的 NP-GaN 和多孔 Si 的带隙和氧化还原电势

4.3　本章小结

本章系统地研究了纳米多孔 GaN(NP-GaN)薄膜在极端酸碱条件下的光催化能力。与 GaN 外延薄膜相比，NP-GaN 薄膜具有更强的光催化能力，这主要是因为 NP-GaN 薄膜具有显著提高的比表面积，从而促进了空穴从催化剂向有机染料的转移。此外，与多孔 Si 相比，NP-GaN 薄膜具有比较高的光催化降解能力和稳定性，这是由于其具有宽的带隙和陶瓷般的化学稳定性。由此可见，NP-GaN 薄膜所展示出的高的表面积、宽的禁带、优良的化学稳定性使其在光催化领域具有广阔的应用前景。

第 5 章　纳米多孔 GaN 薄膜的光电化学特性

为了应对环境恶化和能源安全问题，绿色能源的开发引起了广泛的关注，其中太阳能分解水制氢成为研究热点[8,9]。近年来，TiO_2 和 ZnO 等金属氧化物半导体材料成为研究热点[112,113]，然而由于其宽的带隙和导带底电势高于水的分解电势等原因导致产生 H_2 效率较低。

由于 GaN 具有较好的稳定性以及其导带和价带电势位置能够在零偏压下利用太阳光分解水产 H_2，使 GaN 成为太阳光分解水的理想材料[77,83]。然而，GaN 宽的带隙(3.4eV)限制了其在可见光区分解水产 H_2 的应用。在草酸溶液中使用电化学刻蚀技术，可以制备具有较高孔隙率和较好稳定性的 NP-GaN 薄膜，并在可见光区出现较强的黄光发光峰，因此 NP-GaN 薄膜可以被用来在可见光下分解水产氢。

本章采用电化学刻蚀技术在酸性溶液中制备了不同孔隙率的 NP-GaN 薄膜，系统地研究了其形貌、光学及可见光分解水特性。

5.1　实验部分

5.1.1　GaN 单晶薄膜的制备

由于非掺杂的 GaN 薄膜载流子浓度较低($N_D = 10^{17}cm^{-3}$)，导致其难以被刻蚀，因此采用 MOCVD 方法在 c 面蓝宝石衬底上首先生长缓冲层和恢复层，直至样品表面平整；然后，再外延生长了掺 Si 的 n-GaN 薄膜。n-GaN 薄膜的掺杂浓度为 $8\times10^{18}cm^{-3}$，厚度为 2μm[138]。

5.1.2　纳米多孔 GaN 薄膜的制备

以 n-GaN(0002)薄膜作为阳极，以 Pt 作为阴极，在 0.3M 草酸溶液中进行电化学刻蚀。其刻蚀时间是 10 分钟，刻蚀电压分别为 8V、15V、18V，刻蚀后用去离子水清洗并用 N_2 将其吹干。

5.1.3　测试和表征

本章使用 XRD 衍射仪和 SEM 分别表征 NP-GaN 薄膜的晶体结构和形貌，使用 325nm 的氦氖激光器和双束 UV-vis 分光光度计分别测试样品的光致发光(PL)特性和吸收谱，使用比表面积测定仪(QUADRASORBSI)和霍尔器件分别测定刻蚀样品的比表面积和掺杂浓度。

线性扫描伏安以及电流-时间(I-t)测试使用的是一个三电极电化学测试系统。即使用电化学工作站，以 GaN 样品作为工作电极($1\times1cm^2$)，以铂(Pt)作为对电极，以 Ag/AgCl 作为参比电极，在配有 AM 1.5 滤光器的氙灯(71LX500P)照射下，在 1M 草酸溶液中分解水。

5.2　结果和讨论

图 5-1 是不同刻蚀电压下制备的 NP-GaN 薄膜的 SEM 图。从图 5-1(a)～(c))可以看出，随着刻蚀电压的增加，孔径增大，然而 8V、15V 和 18V 电压下制备的 NP-GaN 薄膜的纳米孔洞的密度却分别是 $290\mu m^{-2}$、$430\mu m^{-2}$ 和 $380\mu m^{-2}$。根据文献[139]，孔径的增加是由于较强的电场导致单位时间发生更多的雪崩击穿所致。与 15V 制备的样品相比，18V 制备的样品具有更低的孔密度，这应该归因于孔壁变薄而导致的相邻孔的合并。图 5-1(d)～(f)表明纳米孔具有不规则的形状，因此，NP-GaN 薄膜的表面积难以根据 SEM 图计算获得(表面积 ＝ 单个孔面积×孔密度)。为了获得样品精确的比表面积(S_{BET})，我们用比表面积测试仪对 NP-GaN 薄膜进行测试。根据 BET 模型进行计算，8V、15V、18V 电压下制备的 NP-GaN 薄膜/蓝宝石衬底的

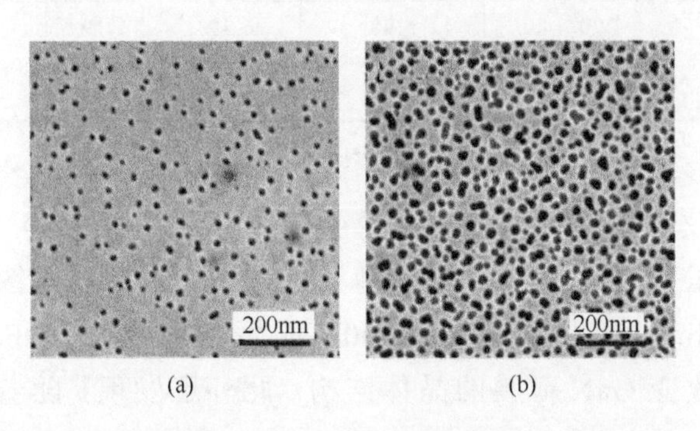

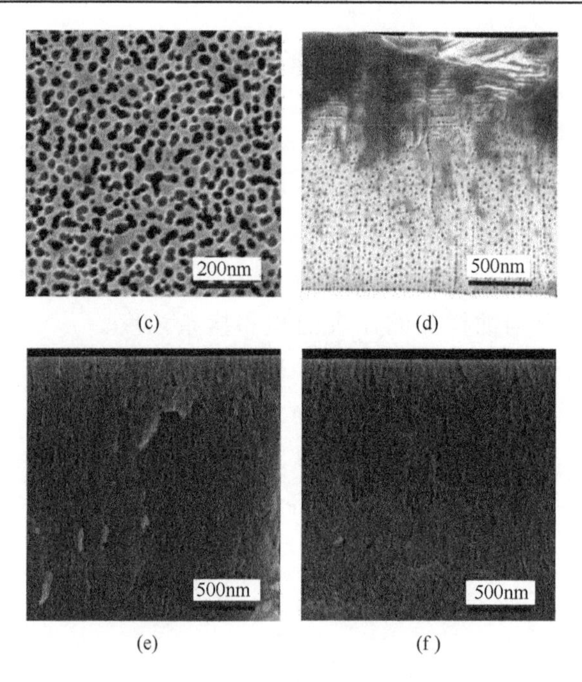

(c)　　(d)

(e)　　(f)

图 5-1　(a) 8V，(b) 15V 和 (c) 18V 下获得的 NP-GaN 样品的表面 SEM 图；(d)～(f) 是 (a)～(c) 对应的切面 SEM 图

S_{BET} 分别是 $6.79m^2g^{-1}$、$13.52m^2g^{-1}$、$15.16m^2g^{-1}$，这表明 NP-GaN 的孔的表面积随着刻蚀电压的增加而增大（见表 5-1）。此外，随着掺杂浓度和溶液浓度的增大，以及刻蚀时间的延长，NP-GaN 的孔的表面积也随之增大。

表 5-1　不同刻蚀电压下获得的 NP-GaN 薄膜的孔密度、掺杂浓度 N_D、比表面积 S_{BET}、孔表面积 A_p、空间电荷层的电阻 R_{sc} 和最大的光转化效率

刻蚀电压/V	孔密度/μm^{-2}	N_D ($\times 10^{18}cm^{-3}$)	S_{BET} /($m^2 \cdot g^{-1}$)	A_p^*/m^2	R_{sc} /($k\Omega \cdot cm^2$)	η_{max}/%
8	290	5.98	6.79	1.19	113.5	0.45
15	430	2.20	13.52	2.36	87.1	0.70
18	380	1.17	15.16	2.65	70.6	1.05

*蓝宝石衬底上的 NP-GaN 的表面积（$A_p = S_{BET} \times mass$）

XRD 分析仪可以表征 NP-GaN 薄膜的晶体结构（2θ: 10°～80°）。图 5-2 是不同刻蚀电压下制备的 NP-GaN 薄膜的 XRD 图谱。从图中可以看出，所用样品都仅出现了对应于 GaN(0002) 晶面的衍射峰（PDF#50-0792），这表明刻蚀没有改变 GaN 薄膜的晶体结构。此外还发现，随着刻蚀电压的增加，所制备的 NP-GaN 薄膜的(0002)衍射峰会向小角移动，这说明被刻蚀的 GaN 薄膜具有一定的应力松弛特性[140]，且松弛量随刻蚀电压的增加而增加。

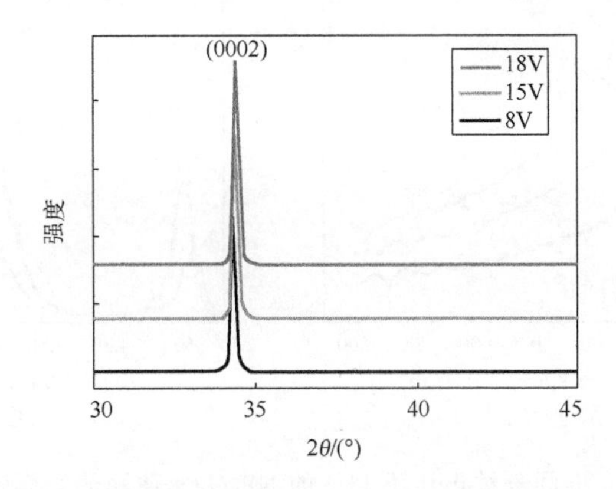

图 5-2　8V、15V 和 18V 刻蚀电压下制备的 NP-GaN 的 XRD 图谱

为了研究 NP-GaN 薄膜的光电化学分解水能力，分别测试了其光学和电学特性。图 5-3(a)是 NP-GaN 薄膜的 UV-Vis 吸收光谱。吸收谱存在一个宽的吸收带(190～365nm)，而可见光区域的吸收能力随着波长增加逐渐减弱。此外，随着刻蚀电压增加，NP-GaN 薄膜在可见光区的光吸收能力增强，这表明在高刻蚀电压下所制备的 NP-GaN 薄膜具有更加有效的可见光利用能力。图 5-3(b)是三个样品的室温光致发光(PL)图谱。NP-GaN 薄膜的 PL 峰由一个波长在～360nm 的带边发光峰和一个在可见光区域的缺陷发光峰(470～680nm)所主导。随着刻蚀电压的增加，PL 强度增强。带边发光的增强是由于样品的光吸收能力的增强[141]，而在可见光区域的缺陷发光峰的增强应归因于样品的表面态(悬挂键、空位等)的增加和样品的光吸收能力的增强。由此可以推断：18V 刻蚀电压下所制备的 NP-GaN 薄膜可以更加有效地利用可见光进行 PEC 分解水，这是由于高电压下制备的样品在可见光下激发的载流子的分离和转移更加有效。

为了验证上述推测，我们研究了三个 NP-GaN 样品在草酸溶液中的光电化学(PEC)特性。图 5-4(a)是三个样品在 1M 草酸溶液中在黑暗下和可见光下的线性扫描伏安图。如图所示，三个样品的暗电流比较小，约为 7.1×10^{-6}A cm^{-2}，这预示着 NP-GaN 薄膜具有很小的漏电流。光照下三个样品光电流的开启电位均为～−0.84V(vs. Ag/AgCl)。高电压下制备的 NP-GaN

样品具有更大的光电流，在一定程度上是由于其表面积的增加和可见光吸收能力的增强所致。

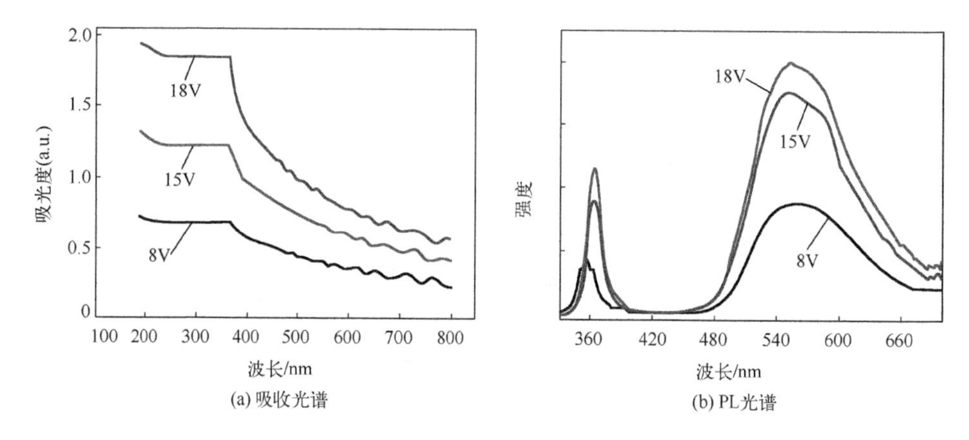

(a) 吸收光谱　　(b) PL光谱

图 5-3　不同刻蚀电压下制备的 NP-GaN 薄膜的光学特性图

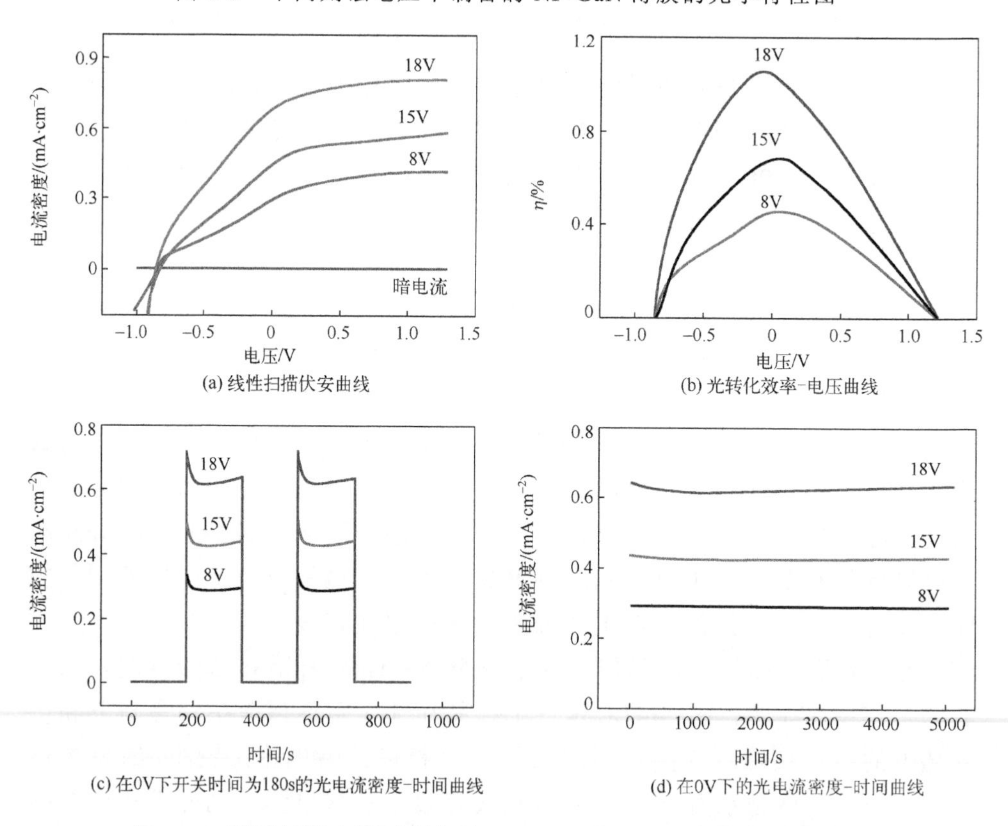

(a) 线性扫描伏安曲线　　(b) 光转化效率-电压曲线

(c) 在0V下开关时间为180s的光电流密度-时间曲线　　(d) 在0V下的光电流密度-时间曲线

图 5-4　不同刻蚀电压下制备的 NP-GaN 薄膜的光电化学特性曲线

NP-GaN 薄膜的光电转化效率可以根据式(5-1)计算：

$$\eta = \left[\frac{J[\mathrm{mA} \cdot \mathrm{cm}^{-2}] \times (1.23\mathrm{V} - V_{\mathrm{app}})}{100[\mathrm{mW} \cdot \mathrm{cm}^{-2}]} \right] \times 100\% \tag{5-1}$$

其中，J 是光电流密度；V_{app} 是电压；1.23V 是水的理论分解电压。图 5-4(b)是 NP-GaN 薄膜的光转化效率图。为了确定三个光电极的真实效率，测试设备的光损失(25%)被校正。在 8V、15V 和 18V 刻蚀电压下所制备的 NP-GaN 薄膜的最大光转化效率(η_{max})分别是 0.45%、0.70% 和 1.05%(0V vs. Ag/AgCl)。其中，η_{max}(1.05%)值远高于近来文献报道的平面 GaN 薄膜、GaN 纳米线、GaN 基结构以及氧化物半导体的η_{max}[142-146]。

图 5-4(c)是三个 NP-GaN 样品在可见光照射下在 0V(vs. Ag/AgCl)电压下的开关特性曲线(电流时间(I-t)曲线)。暗电流约为 1μA cm^{-2}，可忽略不计。在可见光照射下，三个样品的 I-t 曲线中出现光电流响应峰值，这是由于功率激发的暂态效应导致的；随后，光电流迅速达到稳定值。此外，在整个测试过程中(5000s)，三个样品的光电流只有一个小的衰减(不到 14μA)(见图 5-4(d))，这表明 NP-GaN 薄膜作为光阳极在草酸溶液中具有较好的稳定性。

NP-GaN 薄膜的电学特性是影响 PEC 分解水的另一个因素。表 5-1 列出了 NP-GaN 薄膜的电学参数。从表中可以发现，随着刻蚀电压增加，NP-GaN 薄膜的载流子浓度减小，这与我们之前的报道是吻合的[147]。随着载流子浓度在 $1\times10^{18}\sim1\times10^{19}\mathrm{cm}^{-3}$ 范围内减小，GaN 薄膜分解水的能力随之增加[148]，所以 NP-GaN 薄膜分解水能力的提高可以归因于样品载流子浓度的减少。图 5-5(a)和(b)是三个 NP-GaN 薄膜在 0V 下 1M 草酸中的阻抗能谱。尼奎斯特图具有两个典型的电容环(见图 5-5(a))，而波特图可证实分解水过程存在两个时间常数(见图 5-5(b))。

图 5-5(a)和(b)中实线是使用图 5-5(c)中的电路模型得到的拟合数据。$\mathrm{CPE_{sc}}$ 和 $\mathrm{CPE_b}$ 分别是空间电荷层和体常向量元件，而 R_{sol}，R_{sc} 和 R_{b} 分别是电解液、空间电荷层、薄膜的阻抗。根据 EIS 实验，8V，15V 和 18V 制备的 NP-GaN 薄膜的 R_{sc} 分别是 $113.5\mathrm{k\Omega\cdot cm^2}$，$87.1\mathrm{k\Omega\cdot cm^2}$ 和 $70.6\mathrm{k\Omega\cdot cm^2}$。这意味着 NP-GaN 薄膜中载流子的移动速度随着刻蚀电压的增大而增大，导致了光转化效率的提高。

本章所有的拟合工作均使用 CPE 代替电容。大量的文献报道都是根据常向量元件拟合得到电容 C_{sc}[149,150]。其可根据莫特-肖特基方程(5-2)计算获得：

$$C_{sc}^{-2}=\frac{2}{q\varepsilon\varepsilon_0 N_D A^2}\left(V_{app}-V_{fb}-\frac{kT}{q}\right) \tag{5-2}$$

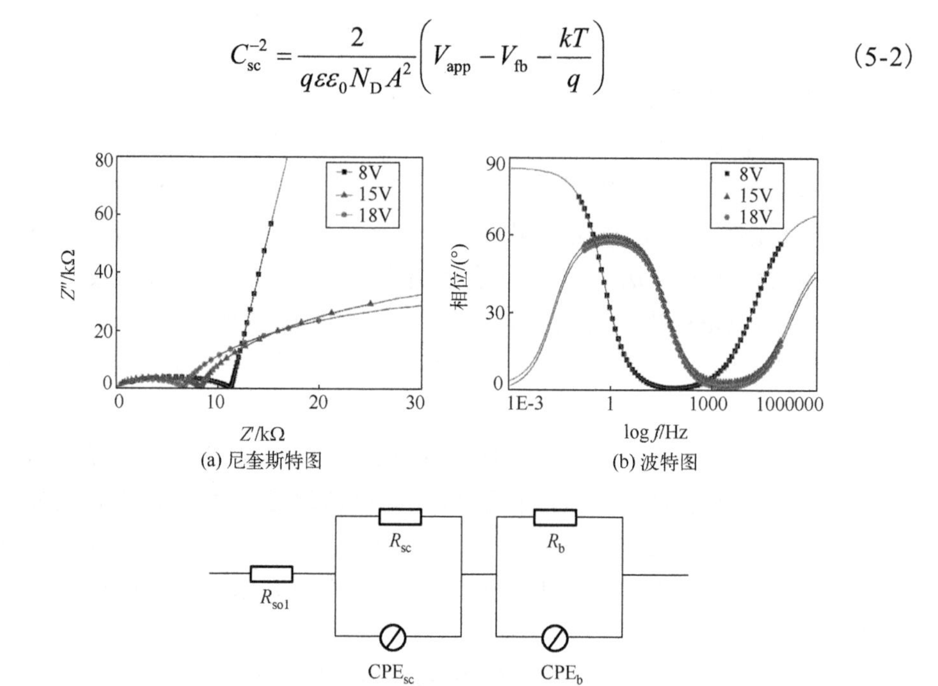

(a) 尼奎斯特图　　(b) 波特图

(c) 等效电路模型

图 5-5　NP-GaN 的电化学阻抗能谱和等效电路模型

其中，N_D 是载流子浓度、A 是电极面积，ε_0 是真空介电常数，ε 是介电常数，V_{fb} 是平带电压，q 是一个电子的电荷，k 是波尔兹曼常数，T 是绝对温度。图 5-6 是三个样品的典型的莫特-肖特基图。莫特-肖特基直线具有正的斜率，表明 GaN 样品是 n 型半导体。$1/C_{sc}^2=0$ 处截距对应着莫特-肖特基曲线的临界电压，平带电压(V_{fb})可以根据等式(5-3)计算获得。

$$V_{fb}=V_0-\frac{kT}{q} \tag{5-3}$$

三个样品的 V_{fb} 都是−0.88V vs. Ag/AgCl，表明 n-GaN 的平带电压不依赖于刻蚀导致的载流子浓度和表面态的变化。其他的半导体也具有相似的规律，这被认为是平带电压的钉扎效应[151,152]。当电压等于平带电压，没有光电流产生，是因为缺少有助于电荷空穴分离的内建电场；当电压高于平带电压，光电流随之产生。开启电压(−0.84V vs. Ag/AgCl)之所以高于 V_{fb} 值，是由于光生电荷填充表面态导致系统存在过电位。

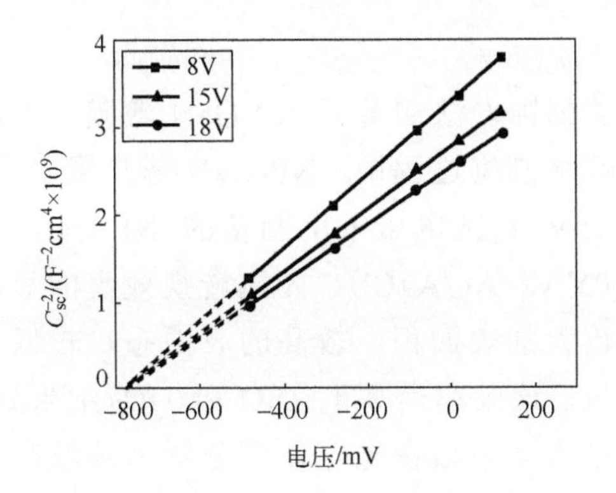

图 5-6　不同电压下制备的 NP-GaN 薄膜的莫特-肖特基曲线

相应的光电流可以由位于 2.25eV(551nm)的黄光峰的价带边沿的相对位置和势垒高度(ϕ)来解释。图 5-7 是 NP-GaN 表面的能带图。NP-GaN 表面能带发生弯曲导致能量势垒产生，促使电子空穴对有效地分离，产生持续的光电流。价带顶电压高于氧化物的氧化电压，氧化过程可以发生。当电压低于 0.5V vs. Ag/AgCl 时，NP-GaN 表面具有较少的复合损失，因此光电流随着偏压增大而增大(图 5-4(a))。当电压高于 0.5V vs. Ag/AgCl 时，价带底端效应成为主导因素。

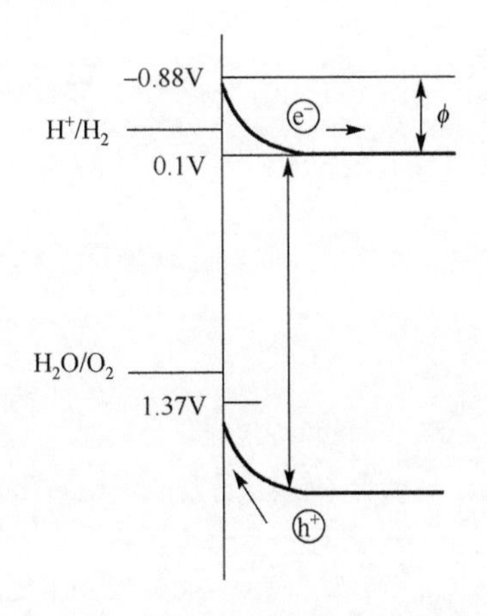

图 5-7　NP-GaN 薄膜的能带图

5.3 本章小结

本章采用电化学刻蚀方法制备了 NP-GaN 薄膜，并将其用作光电极来分解水制氢。在光解水制氢过程中，NP-GaN 薄膜展示出良好的稳定特性。在可见光照射下，18V 刻蚀电压下所制备的 NP-GaN 薄膜的光转换效率（η_{max}）是 1.05%（～0V vs. Ag/AgCl）。光电转换效率的显著提高主要是由于 NP-GaN 薄膜具有较大的表面积、较高的表面态、较低的载流子浓度和较小的空间电荷层阻抗。该效率远高于 ZnO 和 TiO_2 纳米结构的光转换效率，因此 NP-GaN 薄膜作为光阳极在光电化学分解水领域有着广阔的前景。

第6章　纳米多孔GaN基MQW的制备及其光电化学特性

氢气可以替代化石燃料成为清洁、高效、可再生的能源载体。由于太阳光分解水产氢装置简单成本低，因此研发新型光电极材料利用太阳光产氢已成为当前国际研究热点问题[88]。

通常，光电转化效率和稳定性是光电极材料的两个重要指标。GaN 在恶劣环境中具有好的稳定性，在零偏压下能够利用太阳光分解水[83,86,101]。然而，GaN 的较宽禁带宽度(3.4eV)限制了其在可见光区域分解水的能力。通过能带调制，可以使其带隙覆盖整个太阳光谱范围。因此，InGaN/GaN MQW 已成为研究太阳光分解水的理想光电极材料[147,153-155]。在这些报道中，主要采用提高 MQW 的比表面积、沉积金属氧化物和改变 InGaN 阱的厚度来提高转化效率。由于外延生长在 GaN 上的 InGaN 层存在应力，增加漏电流，降低器件性能等缺点，因此研究应力松弛对光电转化效率的影响是十分必要的。

本章采用电化学刻蚀技术制备了剥离的 GaN 基 MQW 薄膜，并研究了其光解水特性。与转移到石英衬底的薄膜相比，转移到 Si 衬底上的薄膜具有较强的转化效率。该工作可以拓宽半导体单晶薄膜材料在光电化学分解水领域的应用和开发。

6.1　实验部分

实验样品是采用 MOCVD 方法在 c 面蓝宝石衬底上异质外延生长的 GaN 基 MQW 薄膜，其包括 14 个周期的 $In_{0.2}Ga_{0.8}N$/GaN(4nm/10nm) MQW 结构，10 个周期 $In_{0.05}Ga_{0.95}N$/GaN(3nm/7nm)超晶格(SL)结构，2μm 厚的

n-GaN 层($N_D = 8.0 \times 10^{18}cm^{-3}$)，2μm 厚的非掺杂的 GaN 缓冲层以及 40nm 厚的 GaN 成核层。

电化学刻蚀过程是在一个恒定电压条件下(15V)进行的，刻蚀时间是10min，刻蚀溶液是体积比 1∶2 的无水酒精∶氢氟酸(HF)(49%)混合溶液，刻蚀后的样品在无水酒精中清洗，并用 N_2 将其吹干。为制备剥离的 GaN 基 MQW 薄膜，生长一个双层的 n-GaN 层($8.0\times10^{18}cm^{-3}/2.0\times10^{19}cm^{-3}$)替代上面所提及样品中的 n-GaN 层($8.0\times10^{18}cm^{-3}$)。然后把剥离的 GaN 基 MQW 薄膜分别转移到石英和 n 型硅(Si)(100)(0.5-1Ωcm)衬底上，黏合剂是使用重量比 1∶1 的导电炭黑和聚偏二氟乙烯混合而成的泥浆。

使用 SEM 表征刻蚀前后的 GaN 基 MQW 样品的表面和切面形貌，使用 HRTEM 表征样品的微观结构和结晶质量；使用 XPS 来分析样品的表面成分；使用 325nm 的氦氖激光器测量样品的光致发光(PL)特性，以及使用波长为 632.8nm 的拉曼光谱仪测量样品中的 Ga-N 键和 In-Ga-N 键的声子振动模式；使用比表面积测定仪(ASAP 2020 sorptometer)测定刻蚀样品的比表面积和孔的尺寸分布。

线性伏安扫描和电流时间(I-t)测试使用的是一个三电极系统，以实验样品作为工作电极($1\times1cm^2$)，以铂(Pt)作为对电极，以银/氯化银电极(Ag/AgCl)作为参比电极，使用的电解溶液是 1M NaCl，分解水使用的灯源是配有 AM 1.5 滤光片的氙灯(71LX500P)。

6.2 结果和讨论

6.2.1 纳米多孔 GaN 基 MQW 的制备和表征

图 6-1(a)和(b)是采用 MOCVD 方法生长的 GaN 基 MQW 薄膜的表面 SEM 图和切面 SEM 图。如图 6-1 所示，样品的 InGaN/GaN 层分布着一些 V 形孔，为倒金字塔结构，表面呈六边形，平均尺寸～250nm，孔密度～$4.2\times10^8cm^{-2}$。这些 V 形孔是由于 InGaN/GaN 层在 n-GaN 层上生长过程中的线性刃型位错所导致的[152]。图 6-1(b)是 InGaN/GaN 层的示意图，其包括 14 个周期的 $In_{0.2}Ga_{0.8}N$/GaN(4nm/10nm)MQW 结构和 10 个周期 $In_{0.05}Ga_{0.95}N$/GaN(3nm/7nm)SL 结构。图 6-1(c)是未刻蚀样品的室温光致发光

(PL)光谱。从图中可以看出，样品的带隙发光峰位于2.72eV(455nm)附近。阱层(InGaN)中In元素的组分可根据式(6-1)计算[153]：

$$E_{g,InGaN}(x) = xE_{g,InN} + (1-x)E_{g,GaN} - bx(1-x) \tag{6-1}$$

其中，b是变化因子(1.115eV)；$E_{g,InN}$(0.67eV)和$E_{g,GaN}$(3.40eV)分别是InN和GaN的带隙。将$E_{g,InGaN}(x)$ = 2.72eV分别带入式(6-1)，算出x值为0.2，即$In_xGa_{1-x}N$的表达式为$In_{0.2}Ga_{0.8}N$。

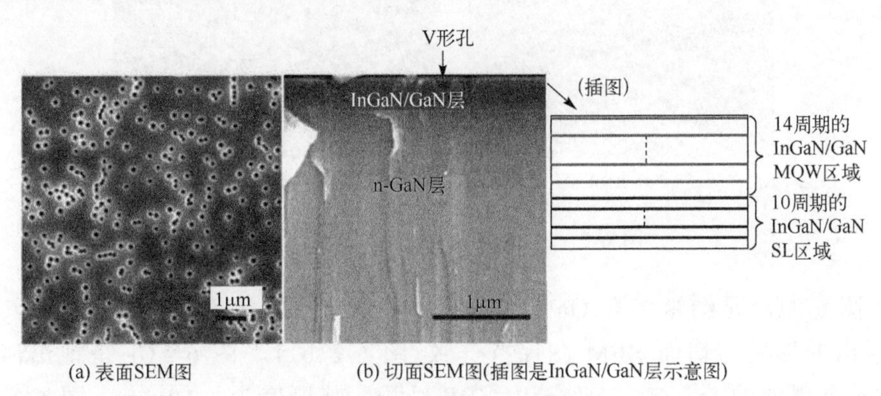

(a) 表面SEM图　(b) 切面SEM图(插图是InGaN/GaN层示意图)

强度
400 500 600 700 800
波长/nm

(c) PL光谱

图6-1　GaN基MQW薄膜的SEM图和PL光谱

图6-2(a)和(b)是纳米多孔GaN基MQW薄膜的表面和切面SEM图。与外延生长的样品相比，纳米多孔GaN基MQW薄膜的表面形貌没有明显的变化，然而其切面由三个不同形貌的区域组成。区域Ⅰ是相分离的InGaN/ GaN层，虽然在其表面除了V形孔以外，并没有发现其他的孔洞(见图6-2(a))，但切面却可发现一些稀疏的纳米孔(见图6-2(b))。区域Ⅱ是一条位于的InGaN/GaN层与n-GaN层之间水平纳米孔。区域Ⅲ分布着垂

直排列的纳米孔。由于我们课题组已对这些纳米孔的形成机制作了详细的报道，因而在此我们将不再进行赘述。

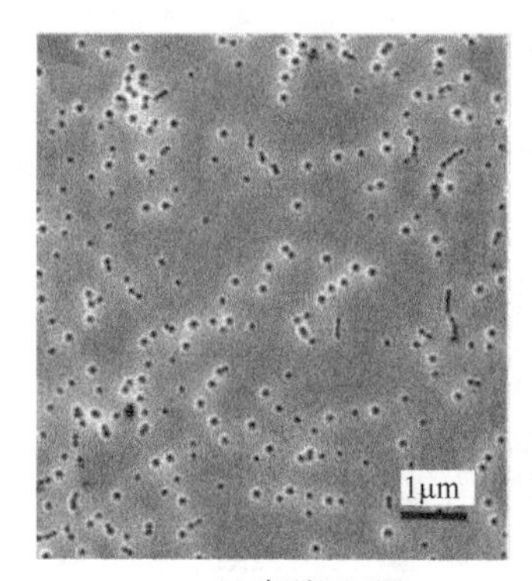

(a) 表面SEM图　　(b) 切面SEM图

图 6-2　刻蚀后 GaN 基薄膜 SEM 图

图 6-3(a)是纳米多孔 GaN 基 MQW 薄膜的透射电镜(TEM)照片，其所展示出的形貌与切面 SEM 图保持一致(图 6-2(b))。图 6-3(b)呈现出清晰的 14 个周期的 $In_{0.2}Ga_{0.8}N$/GaN MQW 结构，其厚度为～196nm。图 6-3(c)

(a) 样品切面TEM图

(b) MQW层的TEM图

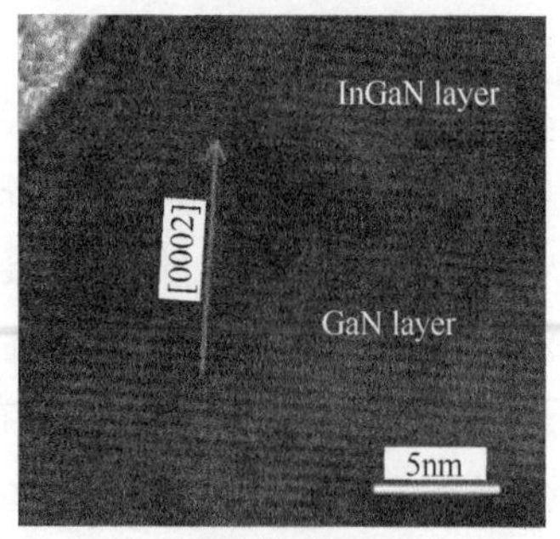

(c) MQW层的HRTEM图

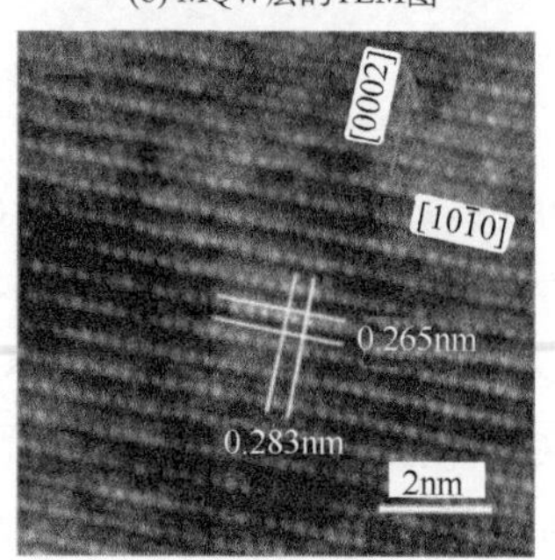

(d) n-GaN层的HRTEM图

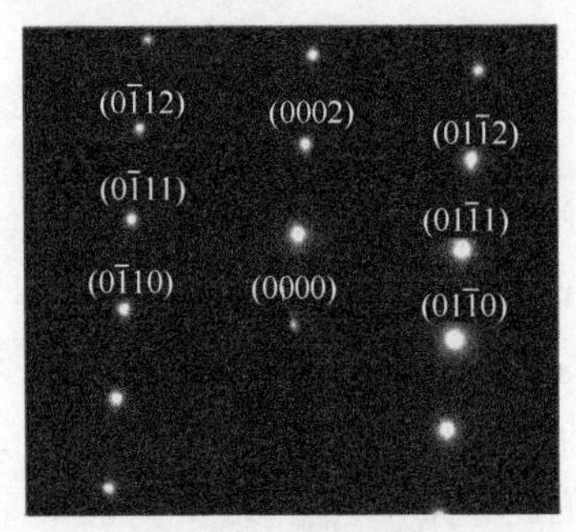

(e) n-GaN层的SAED图

图 6-3　纳米多孔 GaN 基 MQW 薄膜的 TEM 图和 HRTEM 图及 SAED 图(见彩图)

是 MQW 层的高分辨透射电镜(HRTEM)照片，研究发现 MQW 结构具有较好的单晶性，并且其生长方向是沿着[0002]方向。图 6-3(d)是 NP-GaN 层的 HRTEM 照片，其晶面间距分别是～0.283nm 和～0.265nm，其分别大于纤锌矿 GaN 的(10$\bar{1}$0)晶面和(0002)晶面的晶面间距。这一结果不仅能表明 NP-GaN 层仍具有一定的残存压应力，而且还可证明图 6-3(a)中的水平孔是沿着<10$\bar{1}$0>方向。此外，如图 6-3(e)所示，选区电子衍射图谱(SAED)呈现清晰可见的亮点，这可进一步证实 GaN(0002)的晶面间距。

图 6-4 是纳米多孔 GaN 基 MQW 薄膜的孔尺寸分布。图 6-4 插图是 N_2 的Ⅳ型吸附/解吸附等温线，表明其多孔 GaN 层是中孔结构。刻蚀的样品的孔尺寸分布在 19.97～37.23nm 之间，中孔的平均直径是 23nm，比表面积是 $3.97m^2g^{-1}$。

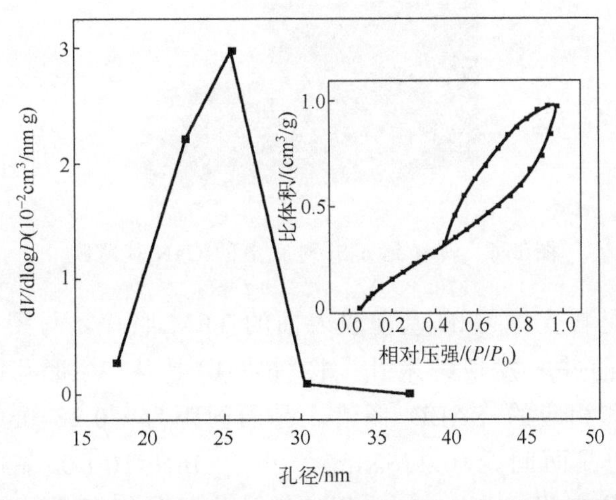

图 6-4　刻蚀后 GaN 基薄膜的孔尺寸分布(插图是 N_2 的吸附/解吸附等温线)

6.2.2　剥离的纳米多孔 GaN 基 MQW 的制备和表征

GaN 薄膜的孔隙率随着掺杂浓度和刻蚀电压的增大而增大[155,156]。在一恒定电压下，当掺杂浓度达到一个临界值，GaN 层可以被抛光。基于这个认识，我们制备了自支撑的 GaN 基薄膜。图 6-5 是制备自支撑 GaN 基薄膜的示意图。把剥离的薄膜从溶液中取出来，然后转移到其他衬底上(于此，作为一个例子，我们把剥离后的 GaN 薄膜转移到 n 型 Si 衬底上(见图 6-6))。

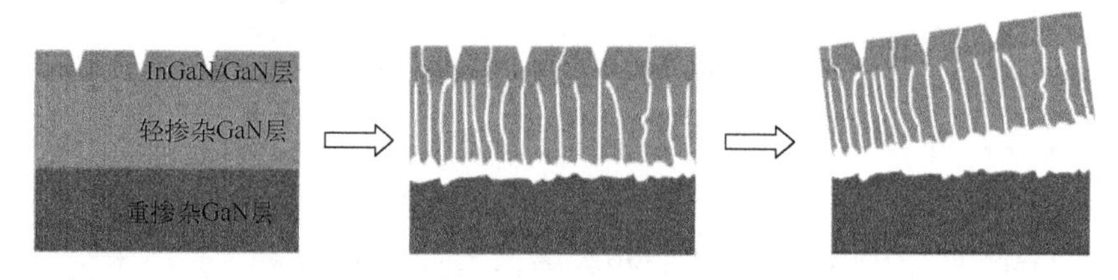

图 6-5　自支撑 NP-GaN 基薄膜的制备示意图

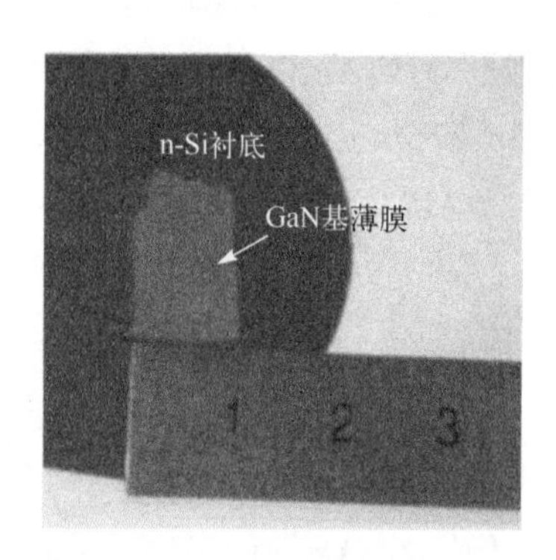

图 6-6　转移到 n-Si 衬底上的 GaN 基薄膜

图 6-7(a)是自支撑 GaN 基薄膜表面的 TEM 照片。与图 6-2(a)所示相同，在样品表面并未发现纳米孔。图 6-7(b)是从 V 形孔的一角拍摄的 HRTEM 照片和相应的 SAED 图谱。晶面间距为～0.2840nm，大于 GaN <10$\bar{1}$0>晶向的晶面间距(0.2762nm)，小于 InN<10$\bar{1}$0>晶向的晶面间距(0.3065nm)，这表明 InGaN/GaN 周期性结构的结束层为 InGaN 层而不是

GaN 层。由于自支撑薄膜通常是处于无应力状态，因此无残余应力的 $In_{0.2}Ga_{0.8}N$ 沿 <10 $\bar{1}$ 0> 晶向的晶面间距就应该是 HRTEM 测量值(0.2840nm)。

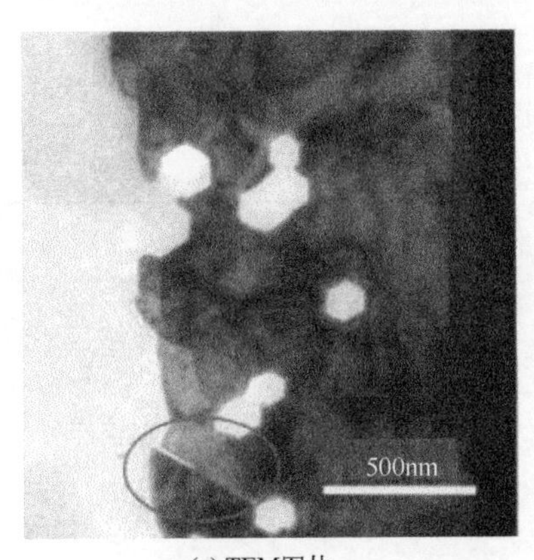

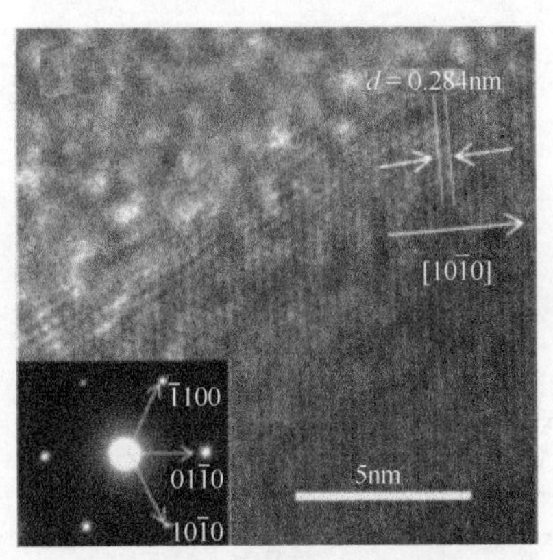

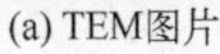
(a) TEM图片

(b) HRTEM图(插图是SAED图)

图 6-7　剥离后的 GaN 基薄膜的 TEM 图和 HRTEM 图及 SAED 图

图 6-8(a)是未刻蚀样品(样品 A)，刻蚀样品(样品 B)，转移至石英衬底样品(样品 C)和转移到 Si 衬底样品(样品 D)的表面 Raman 光谱。光谱有一个强的 E_2(h)峰和一个弱的 A_1(LO)峰，这与 GaN 的纤锌矿结构的 Raman 谱图相吻合。与样品 A 相比，样品 B～D 呈现出 A_1(TO)和 E_1(TO)模式峰，这些峰的出现应归因于多孔结构侧壁的散射增加。此外，我们未观察到 InGaN 在 E_2(h)的声子峰，这可能是与整个 GaN 基薄膜中 InGaN 组分的含量较低有关。因此，我们用 GaN 的 E_2(h)峰来近似评估 InGaN/GaN 结构中存在的残余应力。样品 A～D 的 E_2(h)峰分别位于 570.8cm^{-1}、569.9cm^{-1}、567.7cm^{-1}、567.7cm^{-1}，E_2(h)峰的红移应归因于样品的应力松弛。面内应力可由式(6-2)计算：

$$\sigma_{xx} = \sigma_{yy} = \Delta\omega / k \tag{6-2}$$

其中，σ_{xx}(σ_{yy})是平面应变，k 是绝对校准常数(～4.2cm^{-1}/GPa)。通过公式可以计算出样品 B～D 的应力松弛σ_{xx} 分别约为 0.21GPa、0.74GPa、0.74GPa。

图 6-8(b)是样品 A～D 的室温 PL 光谱。四个样品的带隙发光峰分别位于 2.72eV(455nm)、2.74eV(452nm)、2.78eV(446nm)和 2.78eV(446nm)，

这与 MQW 结构的发光峰相对应。与样品 A 相比，样品 B～D 的发光峰出现了明显的蓝移。这是由于纳米孔的形成导致了 InGaN/GaN 层发生应力松弛。假如蓝移是由于应力松弛导致的，应力松弛量也可通过式(6-3)进行计算：

$$\sigma_{xx} = \left| E_{g_2} - E_{g_1} \right| / 0.0211 \tag{6-3}$$

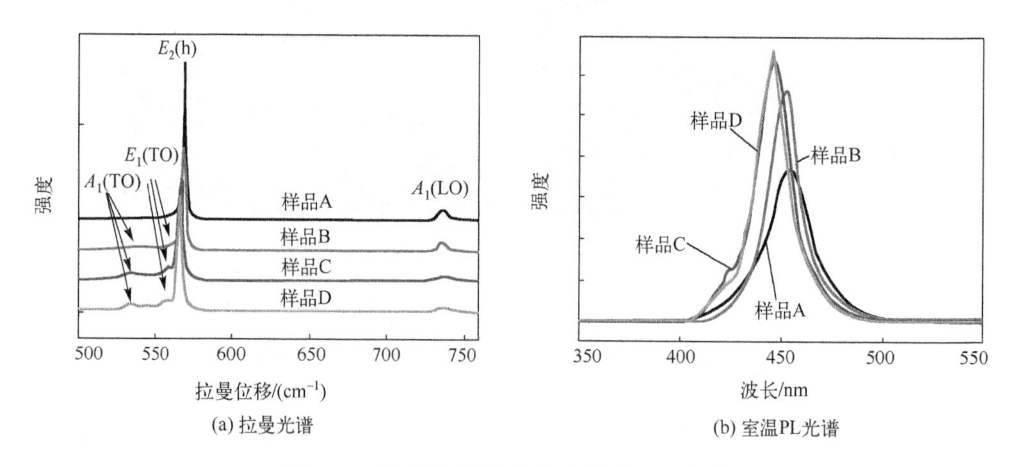

图 6-8　四个样品的拉曼光谱和 PL 光谱

其中，E_g 是 MQW 结构的带隙。由上式所获得的 B～D 样品应力松弛量分别是 σ_{xx} = 0.95GPa、2.84GPa 和 2.84GPa。由于这些值远远大于由拉曼光谱所获得的数值(～0.21GPa、0.74GPa、0.74GPa)，因此 PL 峰的蓝移不能仅仅归因于样品的应力松弛。众所周知，电化学刻蚀主要发生在缺陷处[157-159]。由于在 InGaN 层的富 In 离子区应存在较多的缺陷，因此电化学刻蚀可以导致 In 组分的相对减少，进而导致 PL 峰的蓝移。总之，图 6-8(b)中 PL 峰的蓝移是由应力松弛和 InGaN 层中 In 组分的减少共同作用的结果[160-162]。

与样品 A 相比，样品 B、C 和 D 的 PL 峰强分别是它的 1.7 倍、1.9 倍、1.9 倍。PL 峰的增强应归因于光提取表面积的增大和 MQW 层应力松弛导致的内量子效率的提高[163]。样品 C 和 D 具有相同的蓝移量和 PL 强度，表明这两个转移样品具有相同的表面积和内量子效率(Internal Quantum Efficiency，IQE)。

6.2.3　纳米多孔 GaN 基 MQW 的光电化学特性

图 6-9(a)是样品 A～D 在黑暗和模拟太阳光下($100mW\cdot cm^{-2}$)的线性伏安曲线。样品 B 的开启电压(～−0.70V vs. Ag/AgCl)比样品 A 的开启电压(～−0.58V vs. Ag/AgCl)低，这是由于薄膜的极化效应的减少所导致的。众所周知，极化效应包括自发极化(P_{SE})效应和压电极化(P_{PE})效应两部分。电化学刻蚀会导致非极性面(如 m 面或 a 面)的暴露，从而导致 P_{SE} 效应的减少。异质外延生长的 GaN 基薄膜产生的 P_{PE} 效应，通常比 P_{SE} 效应强。由于刻蚀的样品比未刻蚀样品的残余应力小，因此样品 B 具有更低的 P_{PE} 效应。与样品 B 相比，样品 C 和 D 具有较低的开启电压(～−0.79V vs. Ag/AgCl)，这表明样品 C 和 D 具有更大的非极性面的表面积。更大的表面积可能是与薄膜在转移过程中产生的裂缝(见图 6-7(a)中红色椭圆框)有关。

光电转化效率可以根据式(6-4)计算：

$$\eta = \left[\frac{J[\mathrm{mA \cdot cm^{-2}}] \times (1.23\mathrm{V} - V_{\mathrm{app}})}{100[\mathrm{mW \cdot cm^{-2}}]} \right] \times 100\% \tag{6-4}$$

图 6-9(b)是四个样品在 1M NaCl 溶液中的光电转化效率图。为了确定四个光电极的固有效率，测试设备 25%的光损失被校准。样品 A 的最大效率是 0.41%(0.40V vs. Ag/AgCl)，而样品 B 光电转换效率却呈现出显著提高(0.83%)。样品 B 光电转换效率已大于文献报道的 InGaN/GaN 的效率。与未刻蚀样品相比，样品 B 光电转换效率的增加可归因于表面积的增加和内量子效率的提高。

为了研究 InGaN/GaN 层的光电转化效率，仅对 GaN 基薄膜的 InGaN/GaN 层进行刻蚀。刻蚀电压为 15V，刻蚀时间为 4min。图 6-9(c)为仅刻蚀 InGaN/GaN 层的 GaN 基薄膜的光电转化效率-电压图。研究发现，其最大效率是 0.58%(vs. 0.20V)(见图 6-9(c))。这个结果表明总效率当中有 70%的部分来自于 InGaN/GaN 层，有 30%的部分来自于样品 B 中的 NP-GaN 层。假设样品 C 中各部分所贡献的效率也可按该分配比例进行分配。由于样品 B 和 C 具有相同的比表面积，因此样品 C 所呈现出的更大 η_{max} 值，应归因于 IQE 的进一步提高。

与样品 C 相比，样品 D 具有更高的 η_{max}(2.99% vs. −0.10V)。由于这

两个样品具有相同的表面积和内量子效率，而样品 D 的η_{max}却更大，这应该与 n-Si 衬底的存在有关。然而，n-Si(0.5～1Ω cm)的η_{max}仅仅只有0.03%(见图 6-9(d))，几乎完全可以忽略。$In_{0.2}Ga_{0.8}N$/GaN MQW 层和 n-GaN 层可以吸收紫外光和部分可见光，而 Si 却可以吸收其余波段的光(波长<1.1μm)。

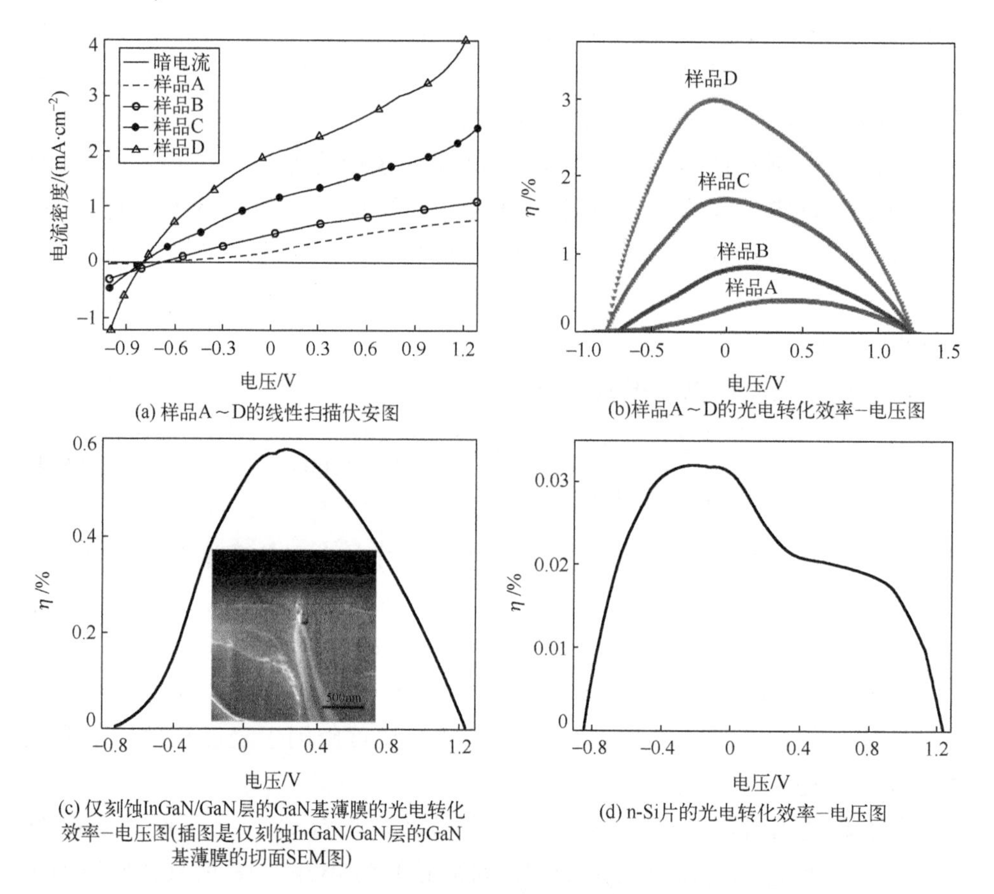

(a) 样品A～D的线性扫描伏安图

(b)样品A～D的光电转化效率–电压图

(c) 仅刻蚀InGaN/GaN层的GaN基薄膜的光电转化效率–电压图(插图是仅刻蚀InGaN/GaN层的GaN基薄膜的切面SEM图)

(d) n-Si片的光电转化效率–电压图

图 6-9　样品的线性扫描伏安图和光电转化效率-电压图

图 6-10 是转移到 Si 衬底上 GaN 基薄膜的能带图。在可见光照射下，Si 和 InGaN 价带上的电子可以被激发到导带，形成电子空穴对。由于 GaN 的价带位置较低，底部 Si 产生的空穴可以比较容易地依次注入到 NP-GaN、超晶格、MQW 区域，而 MQW 区域光激发产生的电子可以按相反方向转移。来自 Si 衬底的大量空穴注入到 NP-GaN 层，促使在 NP-GaN 层进行水

分解，从而导致 Si 衬底上的 GaN 基薄膜比石英衬底上的 GaN 基薄膜的水分解效率更高。

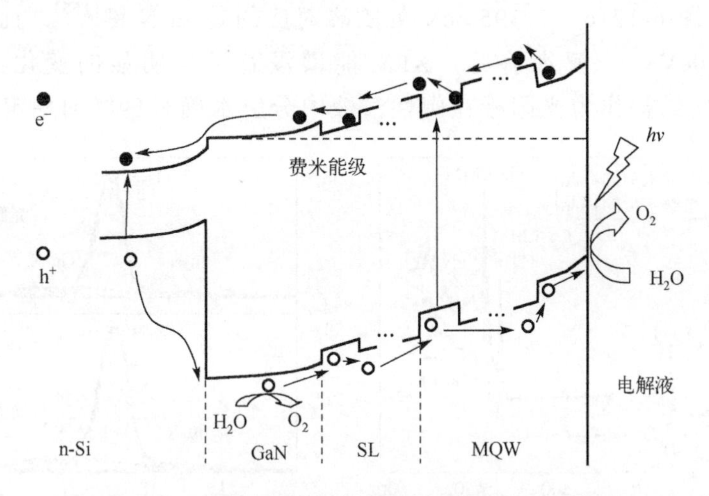

图 6-10　转移到 Si 衬底上的薄膜的能带示意图

更重要的是，四个样品的光电流在 4h 内只有比较小的衰减(见图 6-11)，这表明 InGaN/GaN 结构作为光阳极在 NaCl 溶液中分解水具有较好的稳定性。为了进一步研究电极的稳定性，使用 X 射线光电子(XPS)能谱研究了刻蚀样品在光电化学分解水前后的表面化学组分(见图 6-12)。从 XPS 能谱中可以发现 GaN 基薄膜表面有 Ga、In、N 和 O(图 6-12(a))。图 6-12(b)是 Ga3d/In4d/N2s 的高分辨 XPS 能谱。它主要包含三个部分，

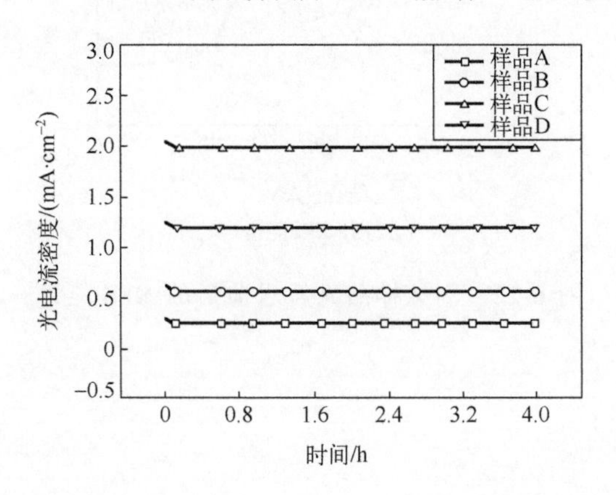

图 6-11　1M NaCl 溶液中 0.15V 下的光电流密度-时间曲线

分别是 In-N(16.2eV)、Ga-N(19.4eV)和 Ga-X(21.0eV)键。21.0eV 处的峰对应的是含氧化物[164]。In-N 和 Ga-N 对应的峰也出现在 N1s 的高分辨 XPS 能谱中(见图 6-12(c))。395.6eV 处的峰对应的是 In-N 键[165]，而 Ga-N 键位于 397.0eV。分解水前后，XPS 能谱没有发生明显的变化，这表明 InGaN/GaN 结构作为光阳极在中性溶液中分解水确有良好的稳定性。

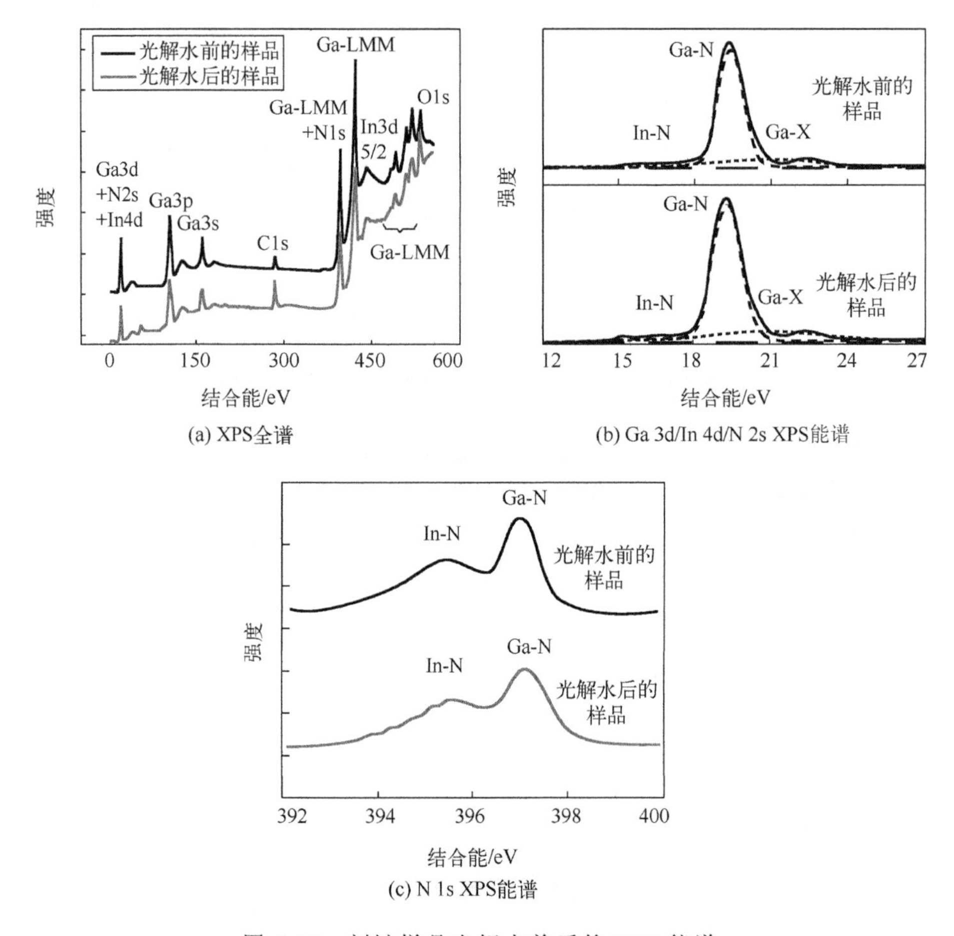

图 6-12　刻蚀样品光解水前后的 XPS 能谱

6.3　本章小结

本章采用电化学刻蚀技术制备了与衬底分离的具有 NP-GaN 层的

InGaN 基薄膜，并对其微纳结构、光学和光电化学特性进行了系统地研究。与外延生长以及刻蚀的样品相比，转移至其他衬底的样品具有较低的开启电压和较高的光电转换效率。这主要归因于 MQW 层极化效应的减弱、缺陷密度的减少以及应力松弛。与转移到绝缘衬底上的薄膜相比，转移到 n 型 Si 衬底上的薄膜的光电转化效率显著提高，这是由于在太阳光照射下载流子可以从 n 型半导体转移到 NP-GaN 层所致。

第 7 章　纳米多孔 GaN 基 LED 的制备及特性

由于Ⅲ-Ⅴ族半导体具有可调制的带隙，可以覆盖整个太阳光谱，被广泛应用于紫外和可见光 LED[120]。作为有源层的 InGaN/GaN MQW 结构对 LED 的发光效率影响较大。然而，由于 GaN/蓝宝石、GaN/InGaN 之间存在晶格失配和热失配，导致外延制备的薄膜具有较大的应力和高的缺陷密度[46,58]，这导致有源层具有较强的极化效应和较低的内量子效率。

刻蚀技术在器件制备过程中起着重要的作用，可以显著地提高发光效率。通常，刻蚀分为干法刻蚀和湿法刻蚀。与干法刻蚀损伤薄膜晶体质量、成本昂贵相比，湿法刻蚀是一种各向异性的选择性刻蚀，可提高晶体质量，释放应力[79,110]。例如，Lin 等报道了使用电化学刻蚀对 GaN 基 LED 的 n-GaN 层进行侧向刻蚀[85]。最近，Xiao 等采用电化学刻蚀技术在室光下垂直刻蚀 InGaN/GaN MQW 结构[148]，但采用该技术垂直刻蚀 GaN 基 LED 方面的研究工作较少。

本章采用紫外光辅助电化学刻蚀技术在草酸溶液中对 GaN 基 LED 进行刻蚀，制备出了纳米多孔 GaN 基 LED，确定了最佳工艺参数，揭示了其刻蚀机制，阐明了其高效发光机理。

7.1　实验部分

采用 MOCVD 方法在 c 面蓝宝石衬底上异质外延生长的 GaN 基 LED 薄膜。图 7-1 是 GaN 基 LED 薄膜的外延结构示意图。它包括 200nm 厚的 p-GaN 层（$N_D = 3.0 \sim 4.0\times10^{19}\text{cm}^{-3}$），15 个周期的 $In_{0.2}Ga_{0.8}N$/GaN（4nm/10nm）MQW 结构，10 个周期 $In_{0.05}Ga_{0.95}N$/GaN（3nm/7nm）SL，2μm 厚的 n-GaN 层（$N_D = 8.0\times10^{18}\text{cm}^{-3}$）和 2μm 厚的非掺杂的 GaN 缓冲层。

紫外光辅助的电化学刻蚀过程是在一个恒定电压件下进行的，刻蚀溶液是 0.3mol/L 的草酸溶液，刻蚀所用紫外光波长大于 254nm。刻蚀后样品用去离子水清洗后，用 N_2 将其吹干。使用 SEM 来表征刻蚀后的 GaN 基 LED 样品的表面和切面形貌，使用具有 325nm 的氦氖激光器的光致发光仪对样品的 PL 特性进行表征，使用波长为 632.8nm 的拉曼光谱仪测量样品中的 Ga-N 键和 In-Ga-N 键的声子振动模式。

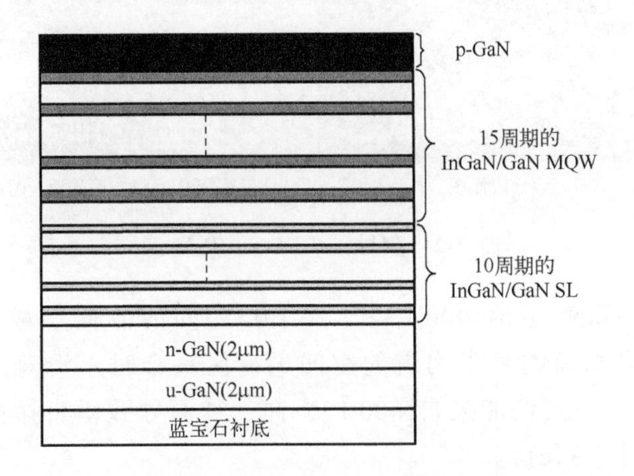

图 7-1　GaN 基 LED 结构的示意图

7.2　结果和讨论

图 7-2 是在 15V 电压下刻蚀 15min 制备的 LED 的表面和切面 SEM 图。从图 7-2(a)中可以看出，刻蚀后的 GaN 基 LED 的 p 型 GaN 表面具有大量的倾斜的纳米沟道[166-169]，而这些纳米沟道形成方向应该是沿$[000\bar{1}]$和$<10\bar{1}0>$之间的方向。令人惊奇的是图 7-2(b)却显示 p 型 GaN 层存在垂直排列的纳米多孔阵列。

为了研究 p 型 GaN 层形成纳米孔的刻蚀机制，刻蚀过程的原理图如图 7-3 所示。众所周知，电化学刻蚀通常起源于电极表面的补丁处。受空间电荷区(SCR)的影响，光激发和电激发所得空穴向曲率半径更小的地方聚集[170-172]，即向补丁的尖端处迁移。电荷越多，电压越高，越容易发生雪崩击穿，从而导致刻蚀在补丁处进行(见图 7-3(a))。电化学刻蚀之所以会在缺陷处进行，主要有以下两个原因：①缺陷处拥有较小的曲率半径，从而导致电荷向缺陷处集中[173-175]，即电压较大；②缺陷处有较高的载流子浓度。样品离电极越远的区域电压越低(电压降)，和尖端效应共同作用，

(a) 表面图　(b) 切面图(插图是SEM图的放大图)

图 7-2　刻蚀的 LED 的 SEM 图

导致在 p 型 GaN 层沿[000$\bar{1}$]和<10$\bar{1}$0>之间的方向形成纳米沟道(见图 7-3(b))。当相邻的纳米沟道的空间电荷区重合时，沿着纳米沟道方向的空穴被耗尽，空穴仅能来自[000$\bar{1}$]方向，从而导致垂直排列纳米多孔阵列的形成(见图 7-3(c))。

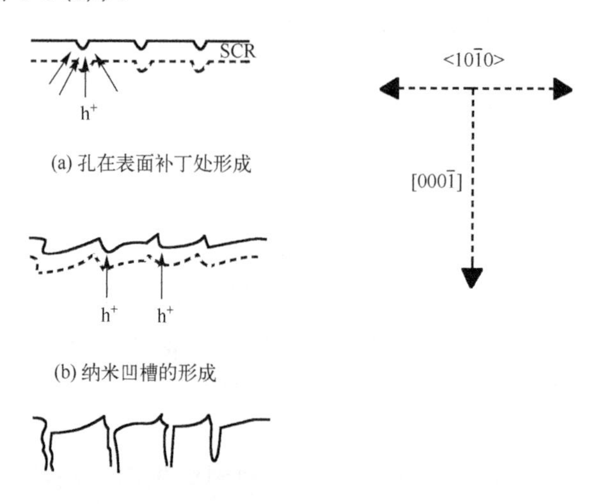

(a) 孔在表面补丁处形成

(b) 纳米凹槽的形成

(c) 垂直排列的纳米多孔阵列的形成

图 7-3　p 型 GaN 层刻蚀过程示意图

与 p 型 GaN 层相比，InGaN/GaN 层具有较低的孔隙率。这主要是因为 InGaN/GaN 层中 GaN 势垒层的载流子浓度太低($6.5 \times 10^{17}cm^{-3}$)的缘故(见图 7-2(b))。随着刻蚀时间的延长，刻蚀进入 n-GaN 层($8\times10^{18}cm^{-3}$)，并形成具有较高孔隙率的 NP-GaN 层(见图 7-2(b))，其原因可能归因于恒电压刻蚀具有高载流子浓度的 GaN 层会导致单位时间内更多的雪崩击穿[176-179]，从而形成具有高孔隙率的纳米多孔层。图 7-4 是刻蚀前后 GaN 基 LED 的拉曼拉曼光谱。两样品均呈现出一个高的 GaN 的 E_2(h)峰（～570cm^{-1}）和一个 InGaN 的 E_2(h)峰（～567cm^{-1}）。为了精确地确定两个样品的 InGaN 的 E_2(h)峰的位置，我们使用双沃伊特线函数对拉曼光谱进行拟合。如图 7-4(a)所示，与未刻蚀 LED 相比，刻蚀后的 LED 的 InGaN 的 E_2(h)峰有 0.9cm^{-1} 的红移，这表明刻蚀后的 LED 在 MQW 层存在明显的应力松弛。这一现象与使用干法刻蚀制备的 NP-GaN 基 LED 发生应力松弛相吻合。

图 7-4(b)是刻蚀前后 LED 样品的室温 PL 光谱。与未刻蚀 LED 相比，刻蚀后的 LED 的 PL 峰增强了 2 倍，其可能主要归因于以下三方面：①光提取表面积的增加；②p-GaN 层垂直排列的纳米孔的光引导效应[180-182]；③MQW 层应力松弛导致的内量子效率的提高。与干法刻蚀技术(发光效率增加 0.7 倍)相比，紫外辅助的电化学刻蚀是一种更加有效地增强 LED 发光效率的方法。此外，与未刻蚀 GaN 基 LED 相比，刻蚀后的 LED 的 PL 峰具有一个大的蓝移，且该蓝移远大于拉曼光谱所呈现的。

MQW 层的残余应力变化量可根据拉曼光谱的 E_2 峰位置的变化来获得。如式(7-1)所示：

$$\sigma_{xx} = \sigma_{yy} = \Delta\omega / k \tag{7-1}$$

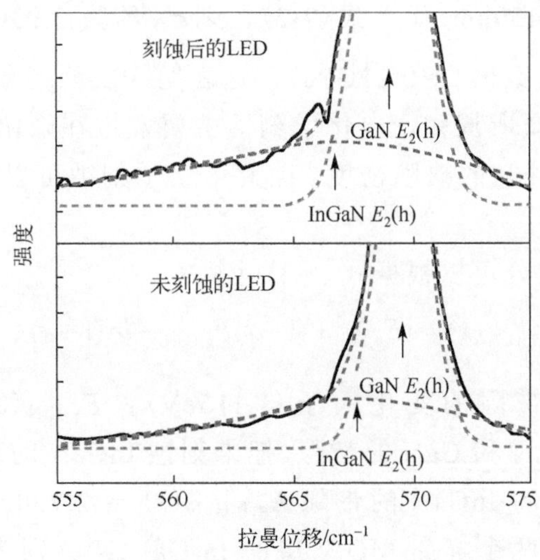

(a) 拉曼光谱(实线是实验数据，虚线是拟合数据)

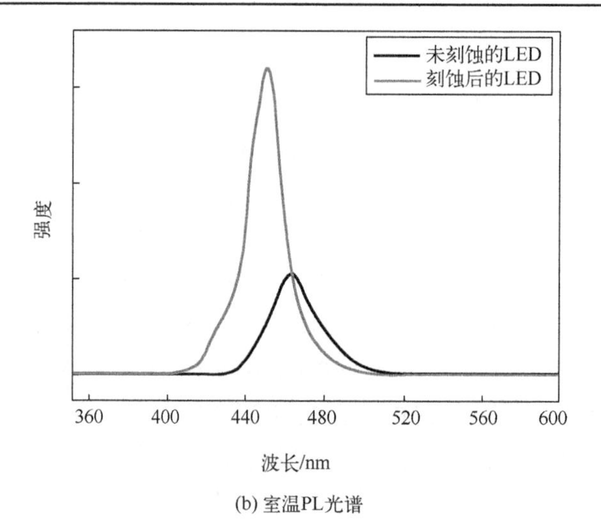

(b) 室温PL光谱

图 7-4 刻蚀前后 GaN 基 LED 的光谱

其中，σ_{xx} 是平面应变；k 是绝对校准常数（～4.2cm^{-1}/GPa），$\Delta\omega$ 是 E_2 峰的蓝移量。通过式(7-1)可以计算出刻蚀后样品的应力松弛 σ_{xx}～0.21GPa。此外，根据式(7-2)，应力松弛也可以用 PL 峰的蓝移量来计算：

$$\sigma_{xx} = \left| E_{g_2} - E_{g_1} \right| / 0.0211 \tag{7-2}$$

其中，E_{g_1} 和 E_{g_2} 分别是刻蚀前后 LED 的带隙。把 E_{g_1} = 2.671eV(464nm)和 E_{g_2} = 2.754eV(450nm)代入式(7-2)，则 σ_{xx} 约为 3.93GPa。该值远远大于由拉曼光谱算出数值(～0.21GPa)，这表明 PL 峰的蓝移不能仅仅归因于应力松弛[183]。众所周知，电化学刻蚀主要发生在缺陷处。在 InGaN 层的富 In 区应具有较高的缺陷密度，因此电化学刻蚀可以导致 In 组分的相对减少。

InGaN 层 In 组分可以根据式(7-3)计算：

$$E_{g,\mathrm{InGaN}}(x) = xE_{g,\mathrm{InN}} + (1-x)E_{g,\mathrm{GaN}} - bx(1-x) \tag{7-3}$$

其中，b 是基础带隙的变化因子(1.115eV)；$E_{g,\mathrm{InN}}$(0.67eV)和 $E_{g,\mathrm{GaN}}$(3.40eV)分别是 InN 和 GaN 的带隙。把未刻蚀 InGaN 的带隙 $E_{g,\mathrm{InGaN}}(x)$ = 2.671eV 和刻蚀后的 InGaN 的带隙 $E_{g,\mathrm{InGaN}}(x)$ = 2.750eV(扣除了应力松弛)代入式(7-3)，两个样品 MQW 层的 $In_xGa_{1-x}N$ 分别为 $In_{0.20}Ga_{0.80}N$ 和 $In_{0.18}Ga_{0.82}N$。

7.3　本章小结

本章采用紫外光辅助电化学刻蚀方法在草酸溶液中制备了 NP-GaN 基 LED 薄膜。与未刻蚀的 GaN 基 LED 相比，刻蚀后的 LED 的 PL 峰出现明显的蓝移，其主要归因于应力松弛和 MQW 层 In 组分的降低。而 PL 峰的显著增强效应归因于：①光提取表面积的增加；②垂直排列的纳米多孔 p-GaN 层的光引导效应；③MQW 层应力松弛导致的内量子效率的提高。

第8章　具有分布布拉格反射镜的GaN基LED制备及特性

GaN 基垂直腔面发射激光器(Vertical-Cavity Surface-Emitting Laser，VCSEL)和 LED 的研究受到了人们日益广泛的关注[34,35]。要想实现这两种器件的高效率，其重要条件之一就是高反射率分布布拉格反射镜(distributed Bragg reflection，DBR)的使用。与具有成熟制备工艺的 GaAs/AlGaAs DBR 相比，由异质外延(Ga，Al，In)N/GaN 周期性结构所制备的 GaN 基 DBR 依然非常具有挑战性。其主要缺点表现在以下几方面：材料对具有较小的折射率差异、大的应力积累和差的晶体质量。

GaN 的折射率为 2.4，空气隙的折射率为 1，因此若制成 GaN/空气隙多周期结构势必克服上述缺点。然而，GaN/空气隙 DBR 结构很难被大面积制备。近年来，一些研究小组试图用纳米多孔 GaN(NP-GaN)(可通过孔隙率的大小使折射率在 1.0～2.4 之间进行调制)替代空气隙。电化学刻蚀技术是制备 NP-GaN 薄膜最为有效的方法之一。NP-GaN 的孔隙率取决于 n-GaN 的掺杂水平和刻蚀电压[153]。当散射因子 $\chi = \pi d / \lambda$ (d 是孔径)小于 0.2 时，NP-GaN 的折射率(n_{eff})可根据体积平均理论来计算：$n_{\text{eff}} = [(1-\varphi) n_{\text{GaN}}^2 + \varphi n_{\text{air}}^2]^{\frac{1}{2}}$，$\varphi$ 是孔隙率[158]。因此，NP-GaN 的 n_{eff} 介于 1～2.4 之间。

此外，NP-GaN 在保持好的单晶性的同时，还具有一些新的优良特性。例如，光学不均匀性导致可见光传播经历了强烈的散射。这些特性表明 GaN 基 DBR 可以用 NP-GaN 层来替代空气隙。基于上述认识，一些研究小组采用电化学刻蚀技术制备 NP-GaN DBR。例如：Zhu 等人在草酸溶液中用一步法电化学刻蚀技术制备非极性 GaN/NP-GaN DBR。这种结构的 DBR 虽具有较大的反射率(96%)和较宽的阻带(半波宽>80nm)，但其却具有较大的表面均方根粗糙度(R_{RMS})。与非极性 GaN 相比，极性 GaN(尤其是(0001)

面 GaN)因其成熟的生长工艺具有更高的应用价值。然而，在草酸溶液中进行 EC 刻蚀导致极性 GaN 具有粗糙的表面。为此，Han 等人发展了一种较为复杂的侧向 EC 刻蚀技术。该技术需用光刻技术对具有 SiO_2 薄膜的周期性结构样品进行刻蚀[12]；暴露交替层的侧壁后，用电化学刻蚀技术对其进行刻蚀。这一复杂的实验步骤限制了这类 DBR 结构的使用。因此，用一步法 EC 刻蚀技术来制备具有光滑表面和高反射率的极性 NP-GaN DBR 就显得尤为重要。

本章，我们首次提出了一种制备具有高反射率 NP-GaN(0001)DBR 的 2 英寸 GaN 基 LED 的方法。在中性刻蚀溶液中，首先用一步法 EC 刻蚀技术，制备了具有高反射率(>99.5%)和宽阻带的 NP-GaN DBR。然后，为了验证这种 DBR 结构的可能的应用，我们采用 MOCVD 技术在 DBR 结构上进行 GaN 基 LED 的再生长。

8.1 实验部分

8.1.1 GaN 薄膜的外延生长

采用 MOCVD 方法在 c 面蓝宝石衬底上外延生长 n-GaN 薄膜。首先，在蓝宝石上生长缓冲层和恢复层，直至样品表面平整；然后，生长 12 个周期的 n-GaN($1\times10^{19}cm^{-3}$)/非掺杂 GaN(u-GaN)结构。

8.1.2 片尺寸纳米多孔 GaN DBR 的制备

电化学刻蚀以 2 英寸 GaN 样品作为阳极、Pt 电极作为阴极。刻蚀条件如下：电解液是 0.3M $NaNO_3$ 溶液，刻蚀温度为室温，刻蚀用光为白光，刻蚀电压为 18V(Gwinstek GPD-3303S 源表控制)，刻蚀时间 20min。刻蚀完成后，样品用去离子水冲洗后，用 N_2 将其吹干。

8.1.3 LED 结构的外延生长

采用 MOCVD 方法在刻蚀前后的 GaN 周期性结构薄膜(2 英寸)表面进行 GaN-LED 薄膜再生长。LED 结构依次为：400nm 的 Si 掺杂的 n-GaN 层(900℃)($N_D=8.0\times10^{18}cm^{-3}$)，1.5μm Si 掺杂 n-GaN(1050℃)($N_D=8.0\times$

$10^{18}cm^{-3}$)层，10 个周期的 $In_{0.05}Ga_{0.95}N$/GaN 超晶格(SL)外延层(3nm 厚的 InGaN 势阱和 8nm 厚的 GaN 势垒)，14 个周期的 $In_{0.2}Ga_{0.8}N$/GaN MQW(4nm 厚的 InGaN 势阱和 10nm 厚的 GaN 势垒)层，以及 280nm 厚 Mg 掺杂的 p-GaN 层($N_D = 5.0\times10^{19}cm^{-3}$)。GaN 基 LED 生长结束后，在～500℃的 N_2 气氛下进行原位退火。

8.1.4 测试与表征

样品的形貌用 SEM、AFM，以及差异干涉对比(differential interference contrast，DIC)显微镜(Nikon Optiphot)来表征。紫外-可见分光光度计被用来测试样品的反射谱。在室温下用拉曼光谱仪测试样品，固态激光器的波长采用 632.8nm。使用具有 405nm 波长光源的 PL mapper 系统测出 2 英寸晶片的二维 PL map 图片；使用时间分辨荧光光谱测试系统(美国 Ultrafast System；Halcyone)，获得样品的 PL 寿命；此外，使用 AgilentB1500A 型半导体参数分析仪对 LED 的电压-电流(V-I)特性进行了研究。

8.2 结果和讨论

图 8-1(a)和(b)分别是 u-GaN/n-GaN 周期性结构在刻蚀前后的示意图。图 8-1(c)和(d)是 18V 电压下刻蚀 20min 制备的样品的表面和切面 SEM 图。从图中可以看出，电化学垂直刻蚀使表面产生了非常稀疏的纳米孔，其直径小于 10nm(图 8-1(c))，而 n-GaN 层却具有大量的沿着 $<10\bar{1}0>$ 方向的水平孔，这主要源于 GaN 的侧向刻蚀(图 8-1(d))。

为了阐述 n-GaN 层水平孔的形成机制，我们拍摄了 18V 电压下刻蚀不同时间制备的 NP-GaN DBR 的光学显微照片(图 8-2)。从图中可以看出，18V 电压下刻蚀 4s 的样品表面呈现出稀疏的亮斑，其密度是～$4.9\times10^5cm^{-2}$(图 8-2(a))。每个亮斑应与一个纳米孔相对应。然而，图 8-1(c)中的纳米孔的密度远远低于光斑的密度，意味着顶端 GaN 层表面大部分的纳米孔太小了，以至于 SEM 难以分辨。

u-GaN 和 n-GaN 层的空间电荷层(SCR)的宽度可以由下式计算：

$$d_{SCR} = \sqrt{\frac{2\varepsilon\varepsilon_0 U}{qN_D}} \tag{8-1}$$

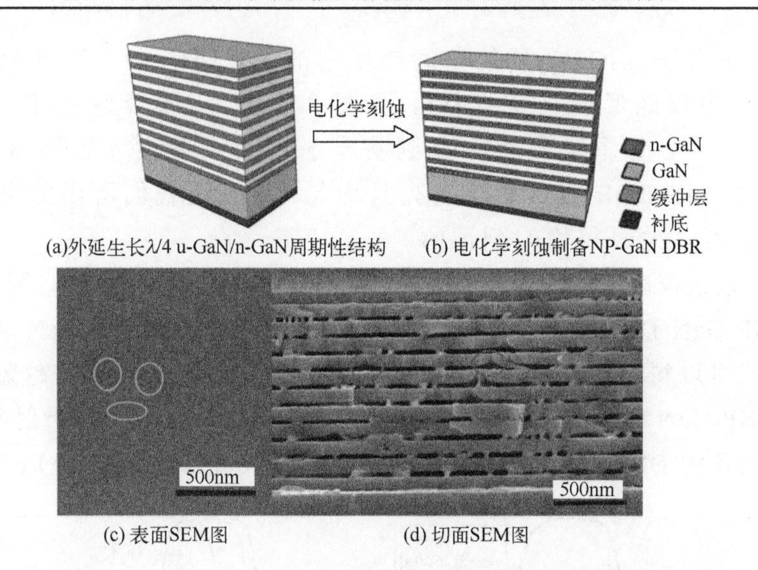

图 8-1　NP-GaN DBR 的制备示意图和 SEM 图(见彩图)

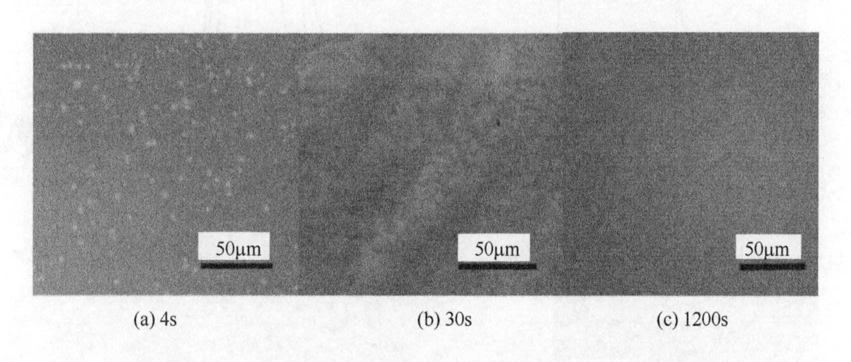

图 8-2　刻蚀样品的表面光学显微照片(见彩图)

其中，ε 是 GaN 的介电常数；ε_0 是真空介电常数；U 是耗尽层的电压降；q 是一个电子的电荷；N_D 是掺杂浓度。令 $U = 18\text{V}$，$N_D(\text{u-GaN}) = 5.0\times10^{15}\text{cm}^{-3}$，$N_D(\text{n-GaN}) = 1.0\times10^{19}\text{cm}^{-3}$，和 $\varepsilon = 8.9$，计算出 u-GaN 和 n-GaN 层的 d_{SCR} 分别是 1.8μm 和 41nm。如果 GaN 层每个垂直孔周围有一个 SCR，并假定 SCR 是圆形密排列，纳米孔密度应该是 $3.9\times10^8\text{cm}^{-2}$。这个数值远远大于图 8-2(a)中的测量值，表明未掺杂 GaN 层的孔径有拓宽趋势(见图 8-1(d)红色椭圆框)。受相邻的 GaN 层掺杂浓度较低的限制(掺杂浓度越高，刻蚀速率越快)，n-GaN 层中的纳米孔应沿 $\langle 10\bar{1}0\rangle$ 方向进行侧向刻蚀。由于 n-GaN 层的厚度是 65nm(设计厚

度），这略大于 n-GaN 层的空间耗尽层的 d_{SCR}（41nm），因此刻蚀导致 n-GaN 层中仅能形成一排纳米孔（见图 8-1(d)）。随着刻蚀时间增加，亮斑将会相互重叠和合并，直到贯穿整个样品区域（见图 8-2(b)和(c)）。NP-GaN DBR 区域颜色明亮且均匀，这表明我们所用的电化学刻蚀技术是可以大面积均匀刻蚀的。

用经银镜校准后的反射仪，测量了 NP-GaN DBR 的反射光谱。图 8-3(a)、(b)是 NP-GaN DBR 的反射光谱。通过单纯的改变样品中 u-GaN 和 n-GaN 的层厚，可以得到反射峰停止带宽、反射率高（～99.5%）、跨越蓝红光谱区域的 NP-GaN DBR。由于 GaN 和 NP-GaN 之间具有较大的折射率差异，我们所制备的 DBR 的反射峰的截止带可超过 100nm（图 8-3(a)）。

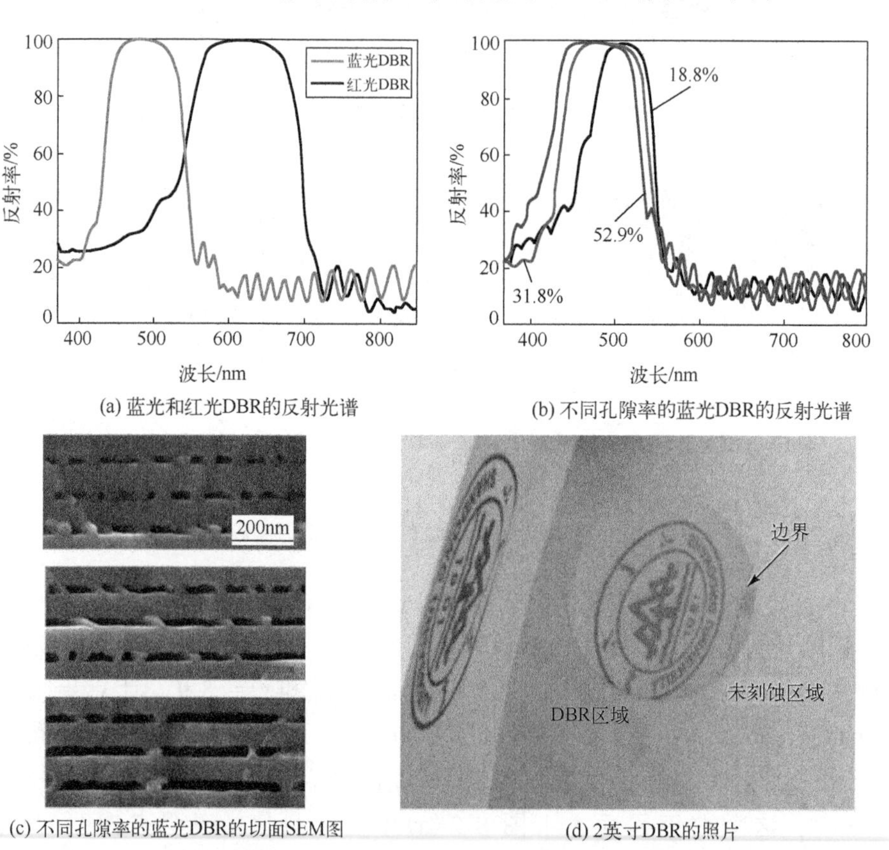

(a) 蓝光和红光DBR的反射光谱　　(b) 不同孔隙率的蓝光DBR的反射光谱

(c) 不同孔隙率的蓝光DBR的切面SEM图　　(d) 2英寸DBR的照片

图 8-3　DBR 的反射光谱和切面 SEM 图片及照片

NP-GaN 的孔隙率也可由刻蚀电压进行调制，即电压越高，孔隙率越大(见图 8-3(c))。当孔隙率从 18.8%增加到 52.9%时，DBR 反射峰停止带展宽(图 8-3(b))，这表明高的孔隙率使 NP-GaN 层的折射系数减小。此外，三个样品的停止带中心位置分别是～512nm、～488nm 和～478nm，即随着孔隙率提高，反射峰可发生蓝移。该蓝移应归因于 GaN 层厚度的减少和 NP-GaN 层的厚度的增加(图 8-3(c))。

图 8-3(d)是 2 英寸的蓝光 NP-GaN DBR 在室光下反射山东大学 Logo 的照片。未刻蚀的区域是透明的，而刻蚀区域却能反射出清晰的山东大学 Logo。这一现象表明用电化学刻蚀方法制备的 2 英寸 NP-GaN DBR 是比较均匀的。需要强调的是本书报道的 NP-GaN DBR 的反射率和半高宽已超过复杂工艺条件下侧向刻蚀制备的 NP-GaN DBR 的结果[12]。

根据文献，为了防止 GaN 表面被破坏，在侧向刻蚀之前，通常先生长一层 SiO_2[184]。由于我们所用样品表面并没有采取任何保护措施，因此有必要研究 NP-GaN DBR 表面是否存在刻蚀损伤。图 8-4(a)和(b)为 u-GaN/n-GaN 周期性结构在刻蚀前后的 AFM 照片。刻蚀前后的样品表面形貌没有明显的变化，并且展示出相似的均方根粗糙度(R_{RMS})。这些现象表明在中性溶液中进行电化学刻蚀，GaN 表面的损伤度是极小的，甚至可以完全忽略。因此，这种刻蚀方法所制备的纳米多孔 DBR 可以作为衬底，再生长 GaN 基 LED。

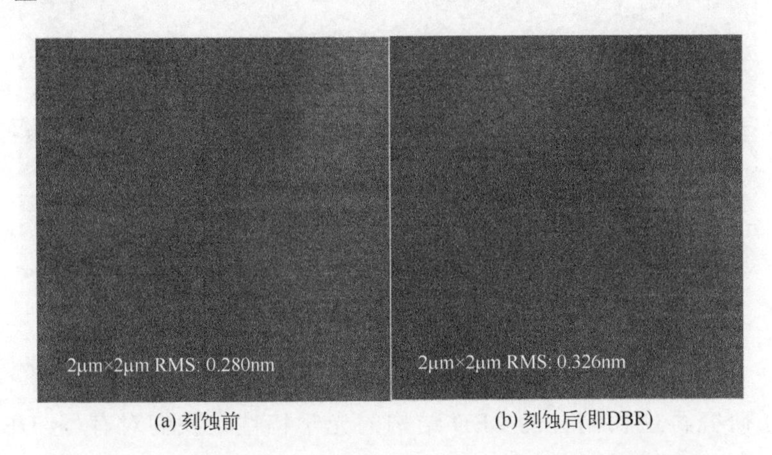

(a) 刻蚀前　(b) 刻蚀后(即DBR)

图 8-4　u-GaN/n-GaN 周期性结构的 AFM 图像(见彩图)

图 8-5(a)是以 NP-GaN DBR 结构为衬底通过 MOCVD 方法再生长制备的 GaN 基 LED 样品的切面 SEM 图。与图 8-1(d)中刻蚀的 DBR 相比，经

过再生长以后的 DBR 结构呈现出明显的变化(即纳米孔洞变得比较光滑)，这是由于质量转移导致的[78]。此外，从图中还可以看出，具有 NP-GaN DBR 结构的 LED 的 R_{RMS} 约为 0.328nm，其明显低于生长在未刻蚀样品上 LED 的 R_{RMS} (～0.882nm)。这一结果表明在 DBR 结构上更易制备出高质量的 LED 表面(图 8-5(b)和(c))。

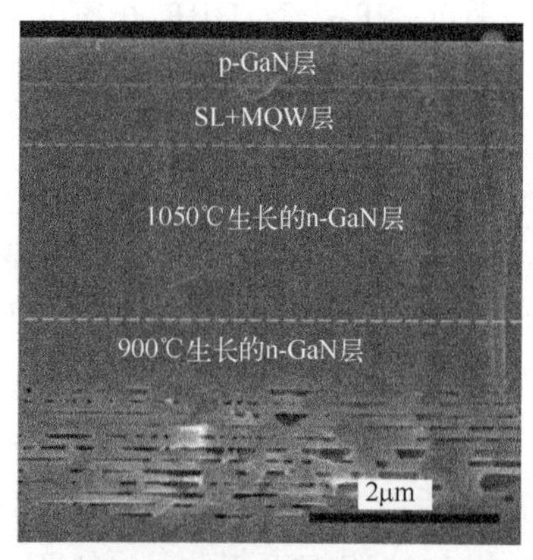

(a) 有DBR的LED的切面SEM图

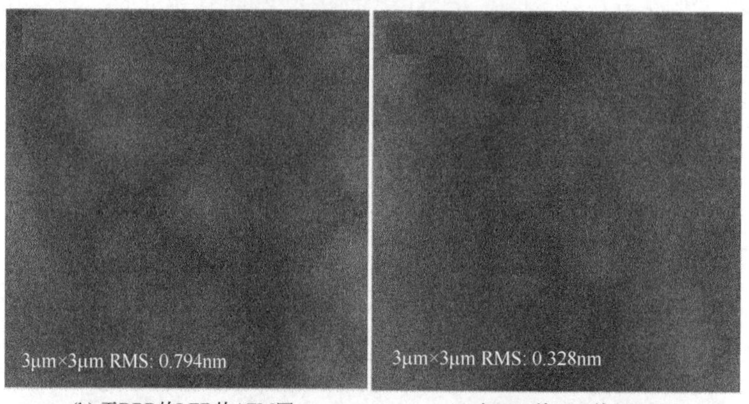

(b) 无DBR的LED的AFM图 (c) 有DBR的LED的AFM图

图 8-5 GaN 基 LED 的切面 SEM 图和 AFM 图(见彩图)

为了研究再生长制备的 LED 结构的光学特性，我们对有/无 DBR 结构的 GaN 基 LED 进行了室温 PL 测试。图 8-6(a)是在 300K 用具有时间分辨的 PL(TRPL)能谱测得的两个样品的 PL 寿命。通常，在室温下 PL 寿命与非辐射复合过程有关，即随着非辐射复合通道增加，PL 寿命增加[185-187]。通过拟合发现，两个 LED 样品的 PL 寿命分别为 4.9ns 和 26.0ns。PL 寿命增加～4 倍，其表明具有 NP-GaN DBR 结构的 LED 中的 InGaN 和 GaN 具有更高的晶体质量。

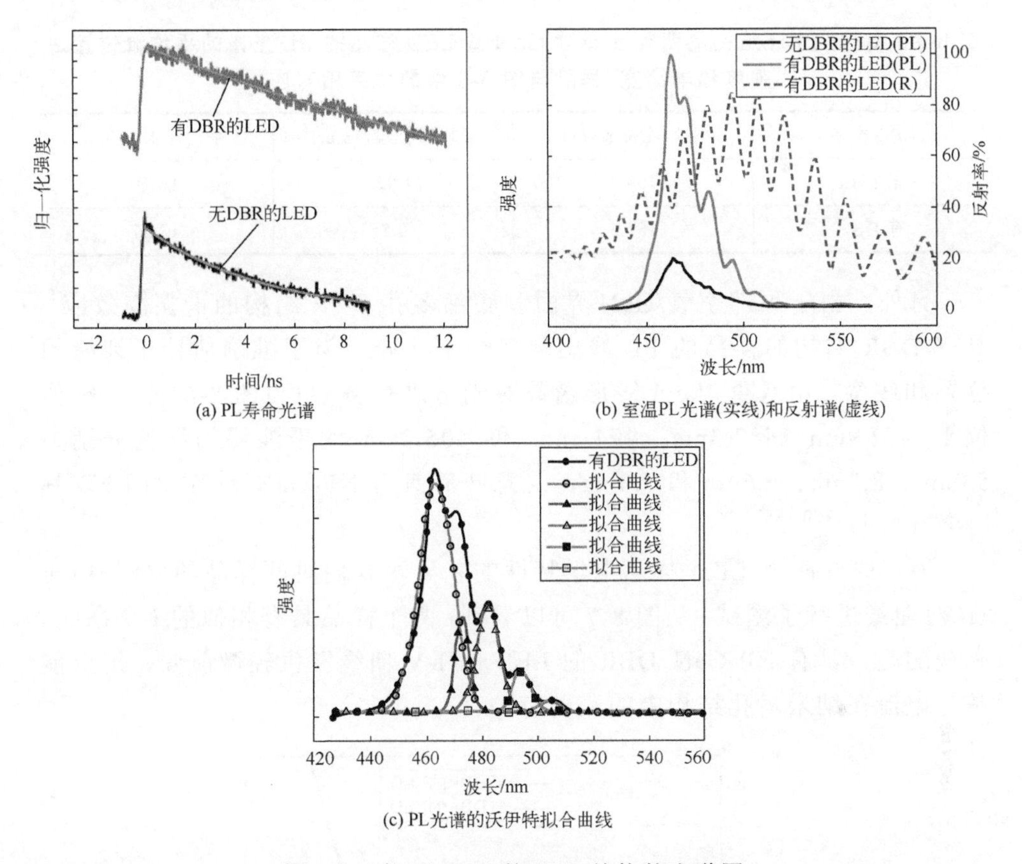

(a) PL寿命光谱　(b) 室温PL光谱(实线)和反射谱(虚线)　(c) PL光谱的沃伊特拟合曲线

图 8-6　有/无 DBR 的 LED 结构的光谱图

图 8-6(b)是两种 LED 的 PL 光谱。表 8-1 呈现了这两个 2 英寸样品平均的峰位置、强度和半波宽(FWHM)。通过对比发现，具有 NP-DBR 的 LED 样品呈现出 PL 峰蓝移和发光强度增加等现象。具有 NP-GaN DBR 的 LED 的 PL 峰所发生的蓝移表明，在 DBR 结构上更易生长低残余应力的 GaN 基 LED。此外，与参比样品相比，具有 NP-GaN DBR 的 2 英寸 LED 的 PL 强度平均增加了 4 倍，这可能归因于 LED 中 MQW 层发生应力松弛和缺陷密度减少导致了 IQE 提高[181,182]，以及底部 NP-GaN DBR 区域的光反射效应。与图 8-3(b)所示的 NP-GaN DBR 相比，被 LED 薄膜覆盖的 NP-GaN DBR 不仅反射率较低，而且其反射光谱出现光干涉信号(图 8-6(b))。较低的反

射率应该归因于 LED 薄膜的光吸收[183]，而光干涉信号可以归因于顶部空气/p-GaN 与底部 n-GaN/NP-GaN DBR 界面之间的光反射效应[179,180]。

表 8-1　有/无 DBR 结构的两种 2 英寸 GaN 基 LED 样品的 PL 光谱的平均峰位置、强度和半高宽(样品与图 8-6 中的样品相对应)

LED 样品	平均峰位置/nm	平均峰强度/(a.u.)	平均半高宽/nm
无 DBR	463.4	1.92	18.20
有 DBR	464.5	10.55	17.27

另外，由于顶部空气/GaN 界面和底部多孔 DBR 结构的谐振腔效应，具有 DBR 结构的样品的 PL 峰出现多个干涉峰。为了准确估计干涉峰的位置和线宽，用双重 Voigt 线形函数对光谱进行解卷积(图 8-6(c))。峰值位于 472.9nm、482.3nm、494.3nm 和 505.2nm 的干涉峰的线宽分别为 5.0nm、8.2nm、6.6nm 和 7.0nm，这意味着具有 NP-GaN DBR 的 LED 具有激光特性[180,188]。

为了研究两个 LED 样品电学特性的差异，我们对两样品的电流-电压(I-V)曲线进行了测试。从图 8-7 可以看到，两个样品具有相似的 I-V 曲线。有趣的是，具有 NP-GaN DBR 的 LED 的 I-V 曲线发生轻微前倾，这可能是与电流在纳米多孔结构中的流动有关。

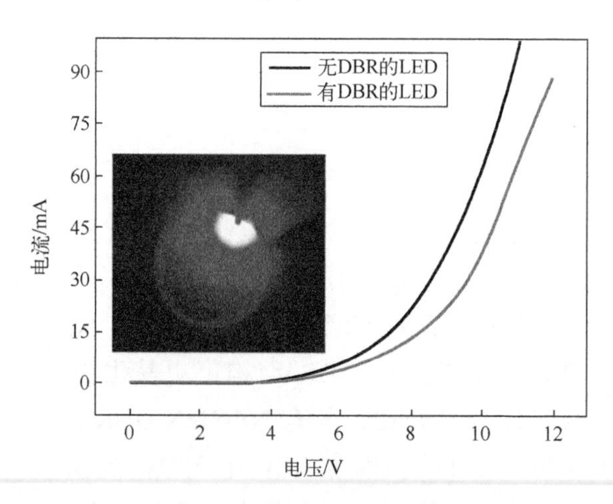

图 8-7　无/有 DBR 结构的 LED 的 I-V 曲线(插图是具有 DBR 结构的 LED 的发光图片)

8.3　本章小结

在本章中我们首次通过电化学刻蚀和再生长技术制备了具有高反射 NP-GaN DBR 的 GaN 基 LED。首先，用电化学刻蚀技术在中性溶液中刻蚀 u-GaN/n-GaN 周期性结构，并首次制备了具有应力松弛、反射率高(99.5%)、表面光滑的 2 英寸 NP-GaN DBR；然后，采用 MOCVD 技术在 DBR 结构上进行 GaN 基 LED 的再生长。与参比样品相比，具有 DBR 结构的 GaN 基 LED 具有较高的晶体质量、较长的 PL 寿命和较强的发光效率。由此可见，我们所采用的制备工艺为 GaN 基 LED 结构的设计和制备提供了一个很好的范例。

第9章 具有GaN/纳米空腔的InGaN基LED的制备及特性

InGaN 基半导体材料已广泛应用于各种光电器件，如：LD 和 LED 等[12,14,173,189]。InGaN 基 LED 的发光强度随着光提取效率(Light Extraction Efficiency，LEE)和内量子效率(IQE)的提高而提高。然而，异质外延生长技术导致作为 LED 活性层的 InGaN/GaN MQW 中存在大量的缺陷[173,190-192]和强的应变，降低了 LED 的 IQE。

为了解决上述问题，许多同质外延生长方法被开发出来，如以体 GaN 作为衬底进行外延层的再生长[79,173,193]。近年来，用干法刻蚀和湿法刻蚀制备的具有纳米结构的 InGaN 基 LED 的研究有很多。这些纳米结构可以提高其 IQE 和 LEE[181,190]。例如，通过干法刻蚀将带有 MQW 的 LED 薄膜制备成纳米棒阵列可以提高 PL 强度[161,193]。虽然采用侧向电化学刻蚀技术制备的具有纳米多孔 GaN 反射镜的 InGaN 基 LED 的 PL 强度比蓝宝石衬底的 LED 提高了两倍[194]，却小于再生长技术制备的纳米多孔氮化镓基 LED 的增强值(3 倍)[79]。此外，干法刻蚀与侧向湿法刻蚀相结合的技术，其成本过高，制备的样品体积太小，难以进行批量生产。

本章首次在草酸溶液中采用电化学刻蚀技术制备了具有高质量的大面积多层纳米多孔 GaN(MNP-GaN)，然后以 MNP-GaN 为衬底，进行 InGaN 基 LED 的再生长，所制备 LED 具有较高的晶体质量和发光效率。

9.1 实验部分

9.1.1 GaN 薄膜的外延生长

采用 MOCVD 方法在 c 面蓝宝石衬底上外延生长 GaN 薄膜。首先，在蓝宝石上生长缓冲层和恢复层，直至样品表面平整；然后，生长 12 个周期的 n-GaN/n^+-GaN 周期结构。n-GaN 的 N_D 为 $3.0\times10^{18}cm^{-3}$，厚度为 150nm，n^+-GaN 的 N_D 为 $1.2\times10^{19}cm^{-3}$，厚度为 150nm，图 9-1 是其结构示意图。

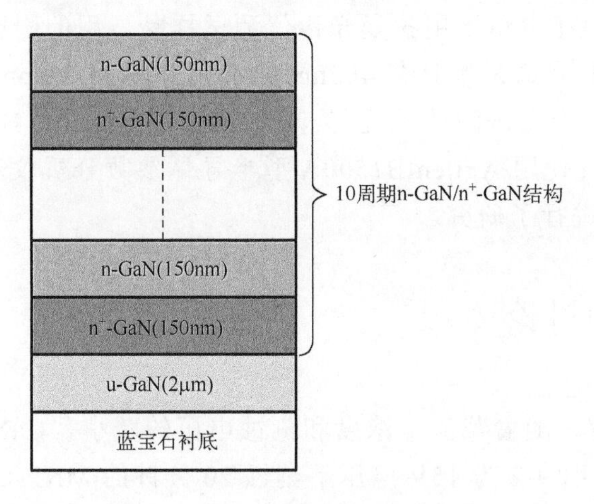

图 9-1　GaN 周期性结构示意图

9.1.2　片尺寸多层纳米多孔 GaN 结构的制备

电化学刻蚀以 2 英寸 GaN 薄膜和 Pt 电极分别作为阳极和阴极。刻蚀条件如下：电解液是 0.3M 草酸溶液，刻蚀温度为室温，刻蚀用光为白光，刻蚀电压为 15V(Gwinstek GPD-3303S 源表控制)，刻蚀时间是 20min。刻蚀完成后，样品先用去离子水冲洗，然后用 N_2 吹干。

9.1.3　LED 结构的外延生长

采用 MOCVD 方法在刻蚀前后的 GaN 周期性结构薄膜(2 英寸)表面进行 GaN 基 LED 薄膜再生长。LED 结构依次为：2μm 厚的 Si 掺杂 n-GaN 层($N_D=8.0\times10^{18}cm^{-3}$)，10 个周期的 $In_{0.05}Ga_{0.95}N$/GaN 超晶格(SL)外延层(3nm 厚的 InGaN 势阱和 8nm 厚的 GaN 势垒)，14 个周期的 $In_{0.2}Ga_{0.8}N$/GaN MQW(4nm 厚的 InGaN 势阱和 10nm 厚的 GaN 势垒)层，以及 280nm 厚 Mg 掺杂的 p-GaN 层($N_D=5.0\times10^{19}cm^{-3}$)。GaN 基 LED 生长结束后，在～500℃的 N_2 气氛下进行原位退火。

9.1.4 测试与表征

样品的形貌用 SEM 和 AFM 来表征。紫外-可见分光光度计被用来测试样品的反射谱。在室温下用拉曼光谱仪测试样品，用的固态激光器的波长是 632.8nm。PL 光谱是用具有 405nm 波长光源的 PL mapper 系统测出的；使用时间分辨荧光光谱测试系统(美国 Ultrafast System；Halcyone)，获得样品的 PL 寿命；使用 AgilentB1500A 型半导体参数分析仪对 LED 的电压-电流(V-I)特性进行了研究。

9.2 结果和讨论

据文献报道，随着载流子浓度和刻蚀电压的减小，GaN 薄膜的孔隙率变小[77,186,191]。图 9-2 为 15V 电压下刻蚀 20 分钟的 MNP-GaN 结构的切面 SEM 图。n-GaN 层和 n^+-GaN 层之间的孔隙率具有显著的差异，这是因为 n-GaN 层($3.0\times10^{18}cm^{-3}$)和 n^+-GaN 层($1.2\times10^{19}cm^{-3}$)的载流子浓度具有较大差异。根据切面 SEM 图可以计算出 n^+-GaN 层中瓶状纳米孔的孔密度可达～$2.9\times10^{10}cm^{-2}$。图 9-2 中插图是大倍数下的图像，用于研究纳米孔的形成机理。

n-GaN 层和 n^+-GaN 层的空间电荷区宽度(d_{SCR})可以由式(9-1)算出[100]，

$$d_{SCR}=\sqrt{\frac{2\varepsilon\varepsilon_0 U}{qN_D}} \tag{9-1}$$

其中，ε_0(8.85×10^{-12}F/m)为真空的介电常数，ε(8.9)为 GaN 的介电常数，U 为偏置电压，q(1.6×10^{-19}C)是电子的电荷量，N_D 是载流子浓度。取 $U=15$V，N_D 为 $3.0\times10^{18}cm^{-3}$(n-GaN)和 $1.2\times10^{19}cm^{-3}$(n^+-GaN)，d_{SCR} 分别为 70.2nm 和 35.1nm。如果 GaN 层每个垂直孔周围有一个 SCR，并假定 SCR 是圆形密排列，n-GaN 层和 n^+-GaN 层的纳米孔密度应该分别为～$2.0\times10^{10}cm^{-2}$ 和～$8.0\times10^{10}cm^{-2}$。切面 SEM 图的计算值为 $2.9\times10^{10}cm^{-2}$，表明 n-GaN 层中会出现分支孔(红色虚线)，而 n^+-GaN 层中则不能形成分支孔(见图 9-2 中插图)。

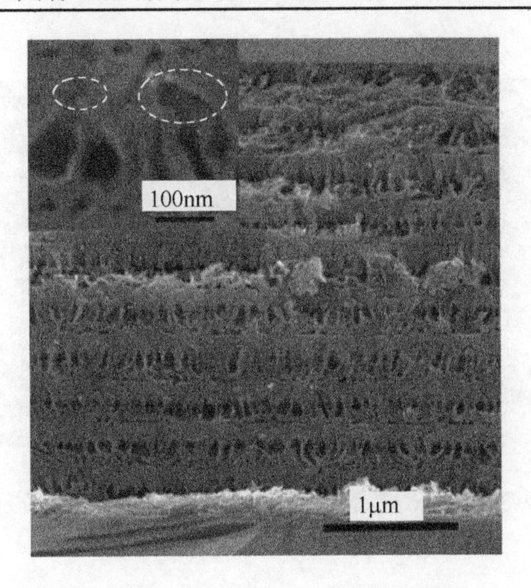

图 9-2　MNP-GaN 薄膜的切面 SEM 图

图 9-3(a)是室光下片尺寸 MNP-GaN 薄膜的照片。未刻蚀区域是透明的，而 MNP-GaN 区域显示出均匀的颜色，表明电化学刻蚀过程是均匀的。图 9-3(b)和(c)是外延生长的 GaN 和 MNP-GaN 表面的 AFM 图像。与外延生长的 GaN 相比，MNP-GaN 的表面粗糙度更小，表明 MNP-GaN 表面的界面态密度较低，即电化学刻蚀可以减少薄膜的缺陷密度，提高其晶体质量。

图 9-4(a)是具有 GaN/纳米空腔结构的 InGaN 基 LED 的切面 SEM 图。在 LED 结构中，n-GaN 层的再生长温度(1050℃)很高，可以显著改变 MNP-GaN 层的形貌。经过再生长过程后，图 9-2 中 MNP-GaN 层的纳米孔可以转化为纳米空腔，这归因于从高曲率区域向低曲率区域的质量迁移[78,79,173]。为了研究两种 LED 中 MQW 的晶体质量，测量了高分辨 XRD

(a) 片尺寸MNP-GaN的照片

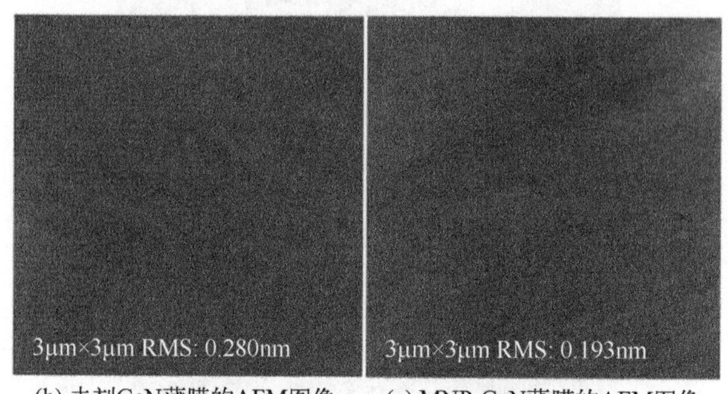

(b) 未刻GaN薄膜的AFM图像　　(c) MNP-GaN薄膜的AFM图像

图 9-3　GaN 样品的照片和 AFM 图像(见彩图)

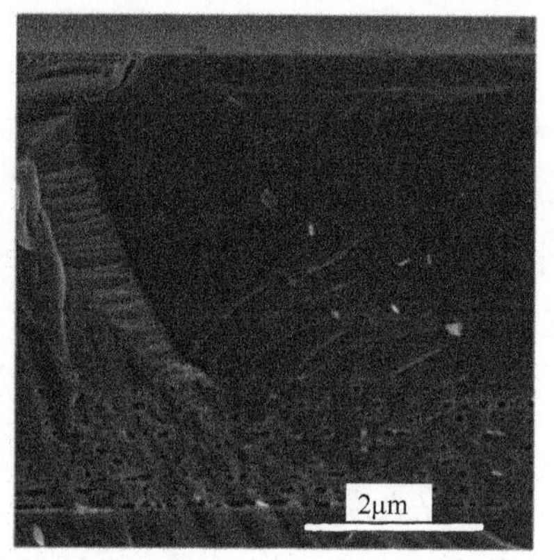

(a) 有GaN/纳米空腔结构的InGaN基LED的切面SEM图

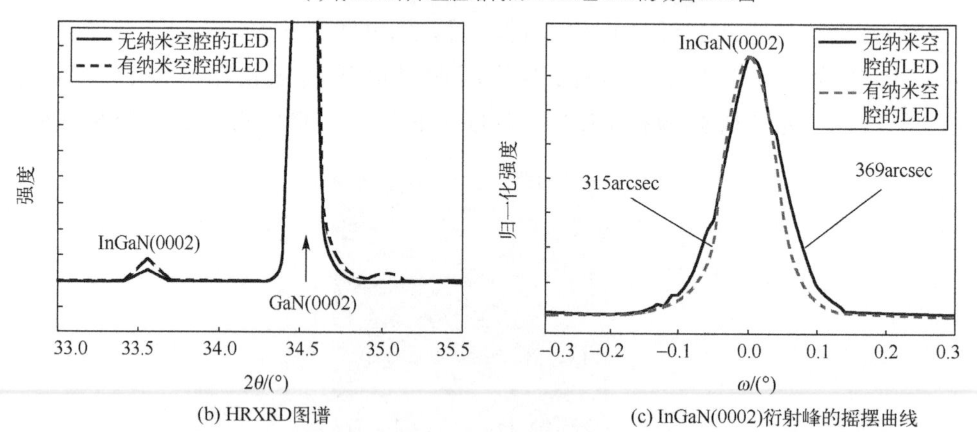

(b) HRXRD图谱　　(c) InGaN(0002)衍射峰的摇摆曲线

图 9-4　样品的 SEM 图和 XRD 图片

(HRXRD)图谱和XRD摇摆曲线。图9-4(b)显示了两个LED的HRXRD图谱。两个样品的HRXRD图谱主要由一个强的GaN(0002)衍射峰和一个弱的InGaN(0002)衍射峰组成。然而，与参比LED相比，具有GaN/纳米空腔结构的LED的InGaN(0002)XRD摇摆曲线具有更小的线宽(图9-4(c))，这归因于位错在外延过程中的自然湮灭[78]。这表明在MNP-GaN结构上再生长的LED具有更高的晶体质量。

在300K下测试了有/无多层GaN/纳米空腔结构的LED样品的光学性能。图9-5(a)是两种LED结构的拉曼拉曼光谱。纤锌矿型GaN和InGaN的 E_2(h)峰分别位于～570.0cm^{-1}和～567.0cm^{-1}[168,190]。为了进一步研究InGaN E_2(h)峰，采用洛伦兹和高斯卷积对拉曼光谱进行了拟合[161,190]。InGaN E_2(h)峰向低频的方向移动0.6cm^{-1}，表明MQW层发生了应力松弛。根据式(9-2)，面内压应力($\sigma_{xx}=\sigma_{yy}$)为～0.142GPa。

$$\sigma_{xx}=\sigma_{yy}=\Delta\omega/k \tag{9-2}$$

从图9-5(b)可以看出，两个LED的PL峰位分别位于464.8nm和461.0nm，表明具有GaN/纳米空腔结构的InGaN基LED的PL峰发生了蓝移现象。蓝移通常被认为是应力松弛和In含量[190]的变化引起的。这里我们假设蓝移仅仅与应力松弛有关，面内应力也可根据式(9-3)算出，$\sigma_{xx}=$ ～0.145GPa。

$$\sigma_{xx}=\left|E_{g_2}-E_{g_1}\right|/0.0211 \tag{9-3}$$

其中，E_g 为MQW层的带隙。这与基于拉曼光谱的计算值相似，表明PL峰位置的蓝移可以归因于刻蚀和再生过程导致的MQW结构的应力松弛，而不是两个样品中In含量存在差异。此外，具有GaN/纳米腔结构的片尺寸LED的PL强度比参比LED显著提高，这一增强值明显高于文献报道值[79,182,194]。发光增强可以归因于量子阱结构晶体质量的提高导致了内量子效率的增强[79,192]，以及多层GaN/纳米腔结构的光散射效应导致反射率的提高，引起了光提取效率的增强[182,195,196]。如图9-5(b)所示，与参比LED相比，具有氮化镓/纳米空腔结构的LED在可见区具有更高的反射率。

图9-5(c)是两个LED的PL寿命光谱。PL寿命的增长是由于在300k时非辐射通道减少导致的[197]。与参比LED相比，具有氮化镓/纳米空腔结构的LED具有更长的PL寿命，这可以归因于MNP-GaN衬底上再生长的

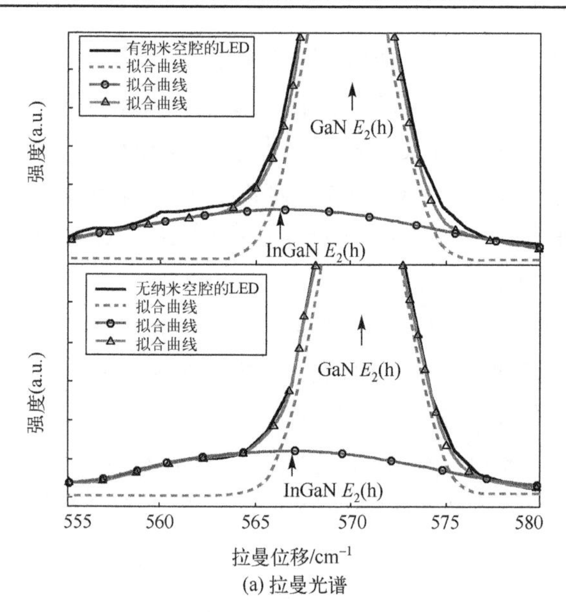

(a) 拉曼光谱

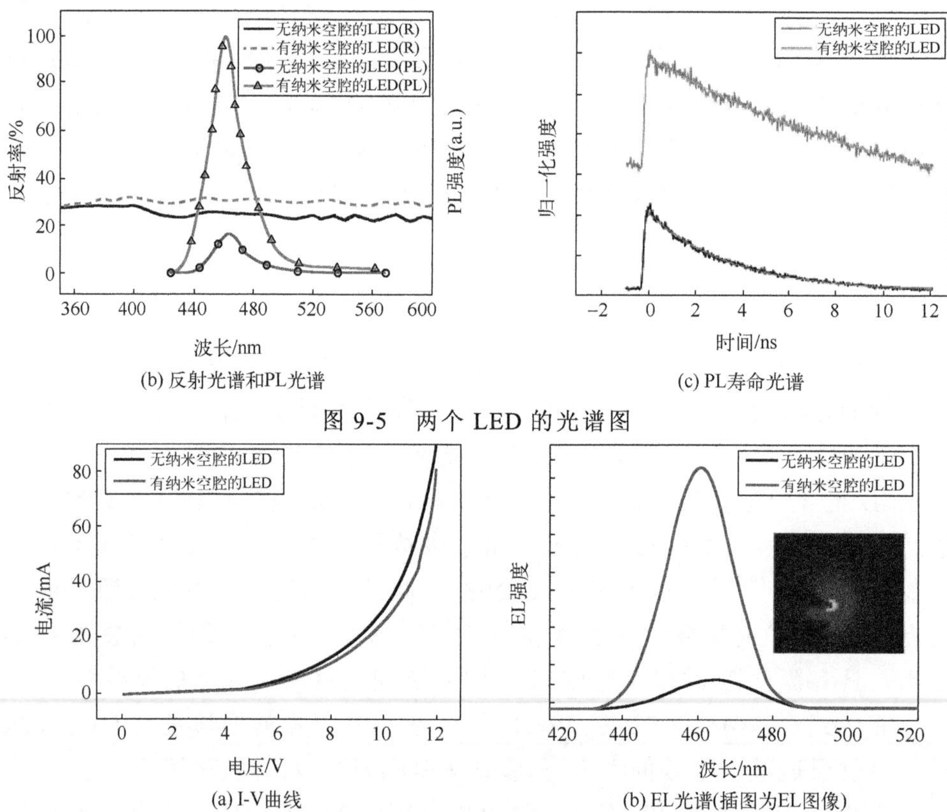

(b) 反射光谱和PL光谱

(c) PL寿命光谱

图 9-5　两个 LED 的光谱图

(a) I-V曲线

(b) EL光谱(插图为EL图像)

图 9-6　两个 LED 的 I-V 曲线和 EL 光谱

MQW 结构晶体质量更高。图 9-6(a)是两个 LED 的 I-V 曲线。与参比样品相比，具有 GaN/纳米空腔结构的 LED 的 I-V 曲线略微向前倾斜，这可能是由于纳米空腔对电流的扰动所致[79]。图 9-6(b)是注入电流为 20mA 时两个 LED 的 EL 光谱。与参比 LED 相比，其 EL 峰显著增强，并发生蓝移，这一现象与 PL 峰相似，其机理也相似。

9.3 本章小结

在本章节中，我们首次以多层 NP-GaN 薄膜为衬底，采用再生长技术制备了具有 GaN/纳米孔腔的 GaN 基 LED。首先，用电化学刻蚀技术在酸性溶液中刻蚀 n-GaN/n^+-GaN 周期性结构，并首次制备了具有应力松弛、表面光滑的多层 NP-GaN 结构；然后，采用 MOCVD 技术在上述结构上进行 GaN 基 LED 薄膜的再生长。与参比样品相比，具有 GaN/纳米孔腔结构的 GaN 基 LED 具有更高的发光效率，并发生蓝移现象。发光效率增强是由于 MQW 层缺陷密度减少引起的内量子效率增强，而蓝移现象是由于 MQW 层发生应力松弛所致。

第 10 章 具有中孔 GaN 分布布拉格反射镜的 InGaN/GaN 光阳极的制备及其光电化学特性

最近，由于能源安全问题，太阳能制氢备受关注[198-200]。目前，人们系统地研究了 TiO_2[200]、Fe_3O_4[201]、GaAs[202]和 Ta_3N_5[203]等光电极的光电化学特性，然而上述大部分光电极在制氢效率和稳定性等方面仍存在一些问题。

近年来，GaN 基半导体材料在光电化学中的应用引起了人们的广泛关注[77,204,205]。InGaN 合金具有可调节的直接带隙，可覆盖太阳光谱，在恶劣环境下具有较好的化学稳定性，是一种极有前途的光电极材料[206,207]。然而，如何提高 InGaN 光电极的效率还存在一些严峻的挑战，例如：如何增强光吸收以及有效地分离载流子等。近年来，InGaN/GaN 薄膜作为太阳能制氢的光阳极材料得到了广泛的研究。据报道，通过增加 InGaN/GaN 结构的比表面积[191,208-210]、改变 InGaN 层的厚度以及金属氧化物修饰，可以提高其产氢量。但 InGaN/GaN 结构中存在较大的应力，限制了其制氢效率[78]的提高。据我们所知，使用中孔 GaN(MP-GaN)作为衬底生长 InGaN/GaN 结构可以有效地降低压应力，提高薄膜的结晶质量，从而提高制氢效率。此外，分布布拉格反射镜(DBR)可以显著地增强 InGaN/GaN 结构的再吸收能力，进一步提高制氢效率。然而，尚未有相关的文献报道。

本章首次采用电化学刻蚀技术在 0.3M HNO_3 溶液中制备了大面积、高反射的 MP-GaN DBR，并以 DBR 为衬底外延生长 InGaN/GaN 结构，制成光阳极。与参比样品相比，具有 MP-GaN DBR 的 InGaN/GaN 结构光转换效率显著提高。

10.1 实验部分

10.1.1 样品制备

采用MOCVD方法在c面蓝宝石衬底上外延生长GaN薄膜。首先，在蓝宝石上生长缓冲层和恢复层，直至样品表面平整；然后，生长7个周期的n-GaN($1\times10^{19}cm^{-3}$)/非掺杂GaN(u-GaN)结构。

进行电化学刻蚀实验时，分别以GaN样品和Pt电极作为阳极和阴极。刻蚀条件如下：电解液是0.3M HNO_3溶液，刻蚀温度为室温，刻蚀用光为白光，刻蚀电压为15V，刻蚀时间20min。刻蚀完成后，样品用去离子水冲洗后，用N_2将其吹干。

采用MOCVD方法在刻蚀前后的GaN周期性结构薄膜表面进行InGaN/GaN薄膜的再生长。InGaN/GaN结构依次为：2μm Si掺杂n-GaN(1050℃)($N_D=8.0\times10^{18}cm^{-3}$)层，10个周期的$In_{0.05}Ga_{0.95}N$/GaN超晶格(SL)外延层(3nm厚的InGaN势阱和8nm厚的GaN势垒)，14个周期的$In_{0.2}Ga_{0.8}N$/GaN MQW(4nm厚的InGaN势阱和10nm厚的GaN势垒)层，和280nm厚Mg掺杂的p-GaN层($N_D=5.0\times10^{19}cm^{-3}$)。

10.1.2 测试和表征

SEM、差异干涉对比(DIC)显微镜(Nikon Optiphot)和高分辨X射线衍射(HRXRD)分别被用来表征样品的微观结构和结晶质量；紫外-可见分光光度计被用来测试样品的反射谱；波长为405nm的氦氖激光器被用来测量样品的光致发光(PL)特性，以及波长为632.8nm的拉曼光谱仪被用来测量样品中的Ga-N键和In-Ga-N键的声子振动模式。使用时间分辨荧光光谱测试系统(美国Ultrafast System；Halcyone)，获得样品的PL寿命。

线性伏安扫描(LSV)和光电流时间(I-t)测试使用的是一个三电极系统，以实验样品作为工作电极($1\times1cm^2$)，以铂(Pt)作为对电极，以银/氯化银电极(Ag/AgCl)作为参比电极，使用的电解溶液是1M HBr[208,209]，分解水使用的灯源是配有AM 1.5滤光器的$100mW/cm^2$的氙灯(71LX500P)($\lambda>390nm$)。根据公式$V_{RHE}=V_{Ag/AgCl}+0.197V+0.059\times pH$(其中pH为电解液的 pH)，将参比电极(Ag/AgCl)的测量电位($V_{Ag/AgCl}$)转换为可逆氢电极(RHE)(V_{RHE})电位。

10.2　结果和讨论

图 10-1(a)～(c)是具有高反射 MP-GaN DBR 的 InGaN/GaN 结构的制备示意图。如图 10-1(a)所示，先采用 MOCVD 技术外延生长 u-GaN/n-GaN 周期结构，然后采用电化学刻蚀技术对样品进行刻蚀(图 10-1(b))，随后，以刻蚀的周期结构(MP-GaN DBR)为衬底，采用 MOCVD 技术外延生长 InGaN/GaN 结构(图 10-1(c))。

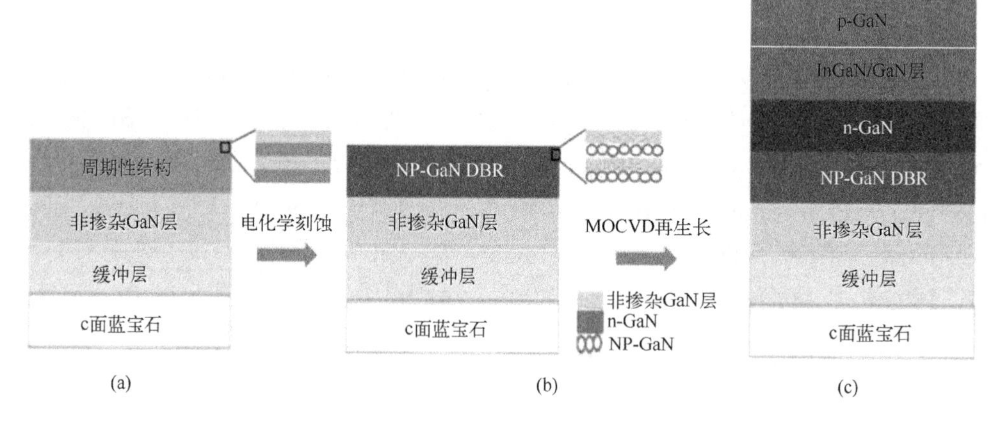

图 10-1　具有高反射 MP-GaN DBR 的 InGaN/GaN 结构的制备示意图

图 10-2(a)是 MP-GaN DBR 的切面 SEM 图。在 u-GaN 层中出现了一些直径在 10nm 以下的稀疏纳米孔(以红色圆点标记)，沿 n-GaN 层出现了平行的纳米孔。这是由于 u-GaN 层(N_D = 5×10^{15}cm^{-3})和 n-GaN 层(N_D = 1×10^{19}cm^{-3})的掺杂浓度的巨大差异，导致了两层材料具有显著差异的孔隙率。GaN 的折射率(n_{GaN})为 2.48，$n_{MP\text{-}GaN}$ 可由公式以下估算：$n_{eff}=[(1-\phi)n_{GaN}^2+\phi n_{air}^2]^{1/2}$，其中$\phi$为孔隙率，表明与 GaN 晶格完全匹配的 MP-GaN 折射率在 1～2.48 之间连续可调。图 10-2(b)是 MP-GaN DBR 的反射光谱。该 DBR 具有高反射率(～97%)，且停止带宽度超过了通过侧向电化学刻蚀技术制备的 MP-GaN DBR 结构的停止带宽度[194]。

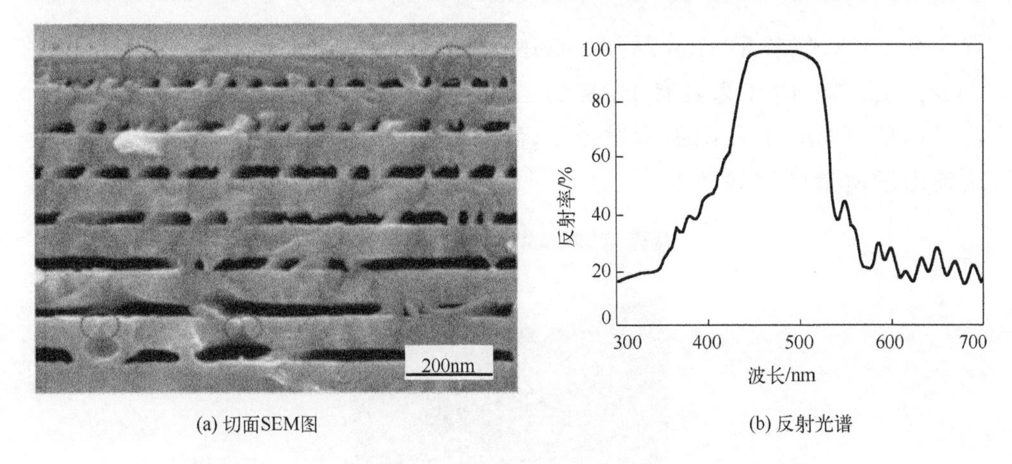

(a) 切面SEM图　　(b) 反射光谱

图 10-2　MP-GaN DBR 样品的切面 SEM 图和反射光谱

为了研究 DBR 的形成机理，对在 15V 刻蚀条件下不同刻蚀时间下的样品表面的光学显微照片进行了系统地研究。图 10-3(a)是电化学刻蚀前样品的光学显微照片。如图 10-3(b)所示，刻蚀 10min 后，样本出现明显的明暗条纹。随着刻蚀时间从 10min 增加到 20min，条纹相互重叠并合并，最后观察到均匀的光学显微照片(图 10-3(c))，表明电化学刻蚀过程是均匀的。条纹的出现和重叠，源于缺陷处的垂直刻蚀和侧向刻蚀，表明了电化学刻蚀的各向异性。

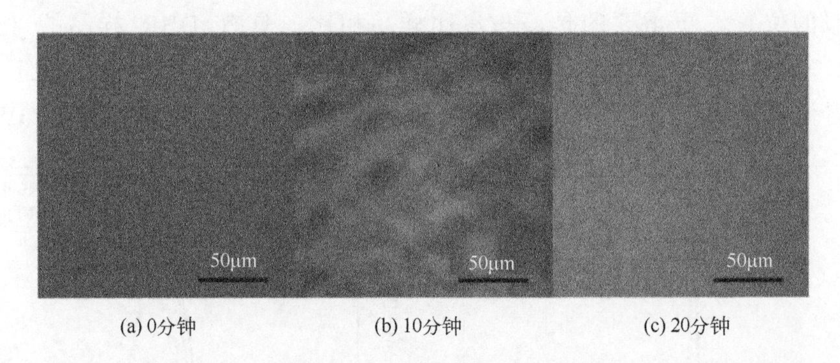

(a) 0分钟　　(b) 10分钟　　(c) 20分钟

图 10-3　样品在 15V 电压下刻蚀不同时间对应的光学显微照片(见彩图)

随后，以 MP-GaN DBR 为衬底外延生长 n-GaN 层、InGaN/GaN(SL)层、InGaN/GaN MQW 层和 p-GaN 层。采用成熟的 MOCVD 技术，生长过程中每一层的厚度都是精确可控的。n-GaN 层的传统生长温度为 1050℃，该温度很高，会破坏 MP-GaN DBR 结构[191,194]。为了保护 MP-GaN DBR，首先在 900℃生长了 1μm 厚的 n-GaN 层，然后在 1050 ℃生长了 1μm 厚的 n-GaN 层。图 10-4 为具有 DBR 的 InGaN/GaN 结构的切面 SEM 图。再生长过程使 DBR 的孔隙形貌发生了轻微的变化(如纳米孔变得更为光滑)，这是由于质量转移导致的[78]。

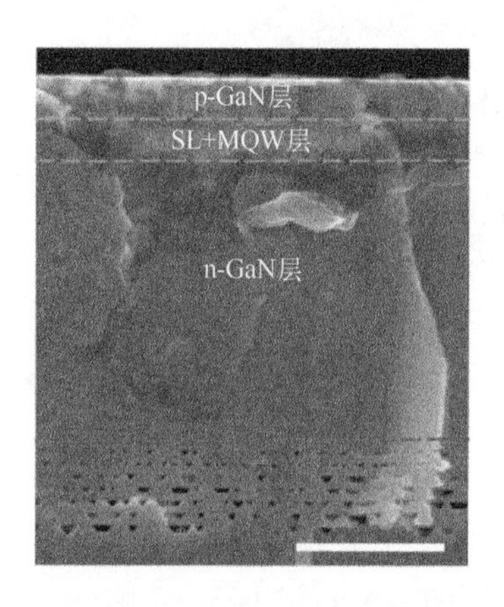

图 10-4　具有 DBR 的 InGaN/GaN 结构的切面 SEM 图(比例尺为 1μm)

图 10-5 为参比样品和具有 DBR 的样品的结晶质量。如图 10-5(a)所示，两个样品中最强的峰来自于 GaN(0002)衍射峰。而 InGaN(0002)衍射峰较弱，这与薄膜中 InGaN 含量较低有关。两个样品的 InGaN(0002)衍射峰位于相似的位置。更重要的是，与参比样品相比，具有 DBR 样品的 InGaN(0002)XRD 摇摆曲线具有较小的线宽(图 10-5(b))，这是由于外延生长时位错的自然湮灭所致[78]，说明采用 DBR 的样品具有较高结晶质量的 MQW 层。

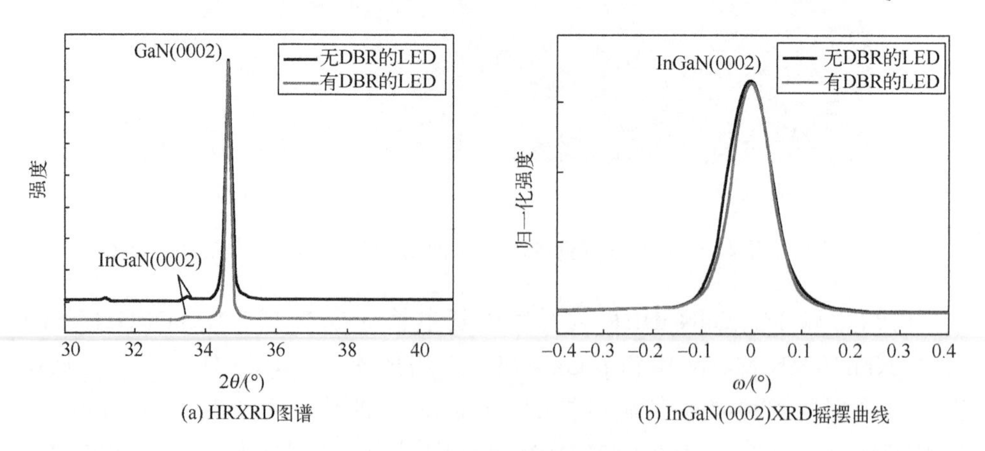

图 10-5　两个样品的 XRD 图

图 10-6(a)为参比样品和具有 DBR 的样品的拉曼拉曼光谱。光谱以强的 E_2(h)声子峰为主，符合纤锌矿型 GaN 的拉曼选择规律[191]。但 InGaN 在薄膜中的含量很低，因此没有观察到 InGaN 的 E_2(h)声子峰。本章利用氮化镓的 E_2(h)峰近似研究 MQW 结构中的应力。E_2(h)峰从 570.5cm^{-1}移动到569.4cm^{-1}，表明MQW层的压应力出现了应力松弛。根据式(10-1)[191]，计算出面内应力松（$\sigma_{xx}=\sigma_{yy}$）为～0.26GPa。

$$\sigma_{xx}=\sigma_{yy}=\Delta\omega/k \tag{10-1}$$

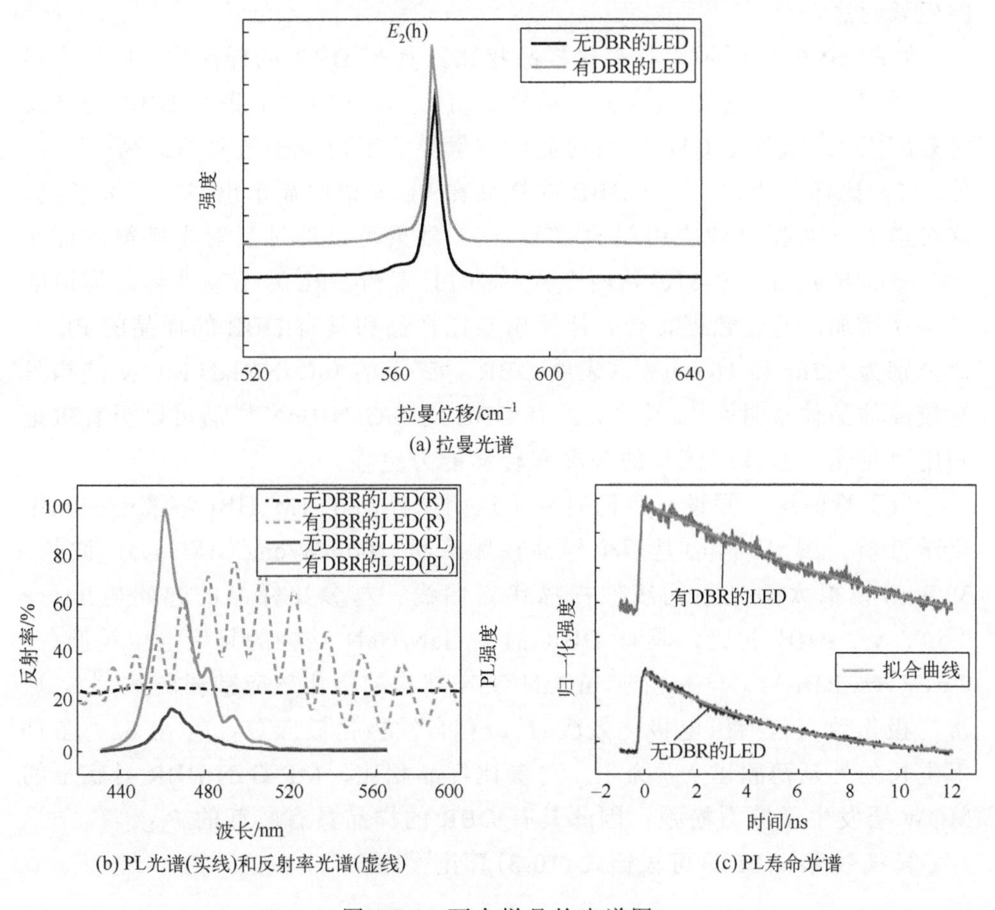

图 10-6　两个样品的光谱图

其中，$\Delta\omega$ 为 E_2(h)声子峰的移动，k 约为 4.2cm^{-1}/GPa。图 10-6(b)是两个样品在室温下的 PL 光谱。两个样品的 PL 峰分别位于 464.5nm(2.668eV)

和 462.1nm(2.682eV) 附近，这与 DBR 上再生长的 MQW 层发生应力松弛，以及 In 含量发生变化有关。InGaN 层的 In 含量可以用式(10-2)计算：

$$E_{\mathrm{g,InGaN}}(x) = x + [1 - xE_{\mathrm{g,GaN}} - bx(1-x)] \tag{10-2}$$

式中，InGaN 的 b 为 1.115eV，InN 和 GaN 的禁带宽度分别为 $E_{\mathrm{g,InN}}$(0.67eV) 和 $E_{\mathrm{g,GaN}}$(3.4eV)。参比样品和具有 DBR 的样品的 $E_{\mathrm{g}}(x)$ 值分别为 2.668eV 和 2.677eV，扣除 InGaN/GaN 结构的应力松弛，计算得到 $In_xGa_{1-x}N$ 分别为 $In_{0.202}Ga_{0.198}N$ 和 $In_{0.200}Ga_{0.800}N$。In 含量的细微差异是因为使用了不同的生长衬底。

如图 10-6(b)所示，与参比样品相比，具有 DBR 的样品的 PL 强度显著增强[194,211]，增强值超过了文献报道值[212]，这归因于底部 DBR 的光反射效应[194]，以及 MQW 层高的晶体质量导致了内量子效率的提高[79]。此外，与参比样品相比，具有 DBR 的样品在 PL 光谱中显示出多个干涉条纹，这可能是由共振腔效应引起的[194]。这一结果可以通过反射光谱得到证实(图 10-6(b))。图 10-6(c)是两个样品的 PL 寿命。PL 寿命随非辐射通道的减少而增加。通过数据拟合，计算出参比样品和具有 DBR 的样品的 PL 寿命分别为 5.2ns 和 16.0ns，这表明 DBR 衬底上的 InGaN/GaN MQW 结构具有较高的晶体质量[213]。总之，具有 DBR 的 InGaN/GaN 样品可以更有效地利用可见光，且其载流子的分离和转移能力更强。

为了验证这一假设，我们研究了这两个样品在 1M HBr 溶液中的光电化学性质。图 10-7(a)是两个样品在黑暗和 $100\mathrm{mW/cm^2}$(AM 1.5)(波长>390nm)模拟太阳光下的线性扫描伏安曲线。与参比样品的起始电压(～0.50V vs. RHE)相比，具有 DBR 的 InGaN/GaN 结构的起始电压较低(～0.61V(vs. RHE))，这是由于 InGaN/GaN 结构的极化效应减弱所致[209]。通常，极化效应包括压电极化效应(P_{PE})和自发极化效应(P_{SE})。在应力条件下生长的外延薄膜以 P_{PE} 为主。与参比样品相比，MP-GaN DBR 衬底上的 MQW 层发生了应力松弛，因此具有 DBR 的样品具有较低的 P_{PE}。

转换效率(ABPE)可根据式(10-3)算出[208]：

$$\mathrm{ABPE} = \left[\frac{J(\mathrm{mA\cdot cm^{-2}}) \times (1.07\mathrm{V} - V_{\mathrm{app}})}{100(\mathrm{mW\cdot cm^{-2}})}\right] \times 100\% \tag{10-3}$$

其中，图 10-7(b)为模拟太阳光照下，1M HBr 溶液中两个光电极的 ABPE。为了研究两个光电极的原始ABPE，修正了由测量装置引起的光学损耗(～25%)。参比样品的最大效率($ABPE_{max}$)在0.16V(vs. RHE)时为0.41%，而具有DBR的于InGaN/GaN样品的$ABPE_{max}$在0.28V(vs. RHE)时为1.85%，这明显高于InGaN/GaN光阳极的报道值[209,214]。ABPEmax值提高4.5倍的原因是底层DBR的光反射效应增加了光利用能力，以及MQW层高的晶体质量提高了内量子效率。假设将InGaN/GaN平面结构转化为纳米结构(如纳米孔、纳米棒、纳米线)，由于其表面积显著增加，效率可以进一步提高。本研究可拓展新型MP-GaN DBR的应用范围，为开发高效太阳能分解水的电极材料开辟了新途径。

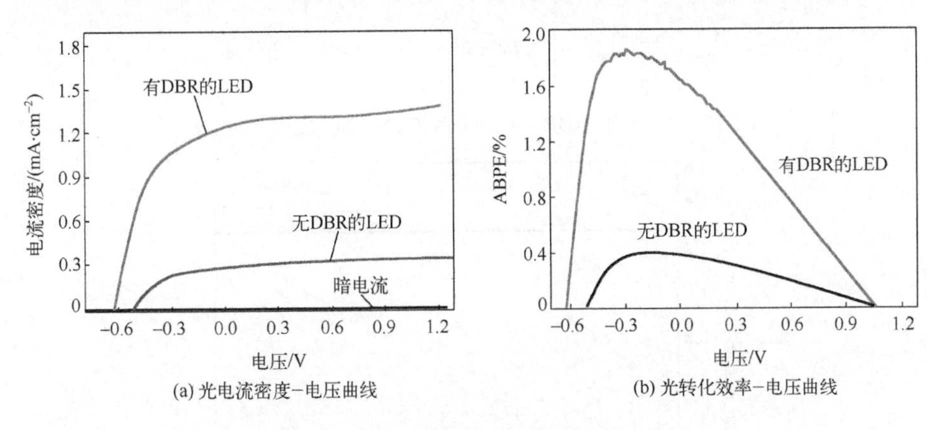

(a) 光电流密度–电压曲线　　(b) 光转化效率–电压曲线

图10-7 两个样品的光电化学特性曲线

图10-8为具有DBR的样品的能带图。在$\lambda > 390$nm的模拟太阳光照下，InGaN层中的电子从价带跃迁到导带，产生了电子-空穴对。因为底层DBR的高反射促进了MQW层对光的二次吸收，所以具有MP-GaN DBR的InGaN/GaN结构比参比样品具有更多的光生电子-空穴对。由于其MQW层发生应力松弛(0.26GPa)，具有MP-GaN DBR的InGaN/GaN结构的P_{PE}减小，从而降低了极化诱导电场[209]。如图10-7(a)所示，InGaN/GaN结构的电场沿着C轴方向，有利于电荷转移，从而其光电流密度更大。

图10-9是两个样品在1M HBr溶液中10000s内的光电流-时间曲线，光电流密度衰减了18μA，表明InGaN/GaN光阳极在光电化学分解水过程中具有较好的稳定性。为了进一步研究其稳定性，分别对样品在10000s时间内进行光电化学分解水实验前后的形貌进行了研究。

如图10-10所示，InGaN/GaN结构和底部DBR的形貌没有明显变化，证实InGaN/GaN光阳极在HBr溶液中具有较好的稳定性。

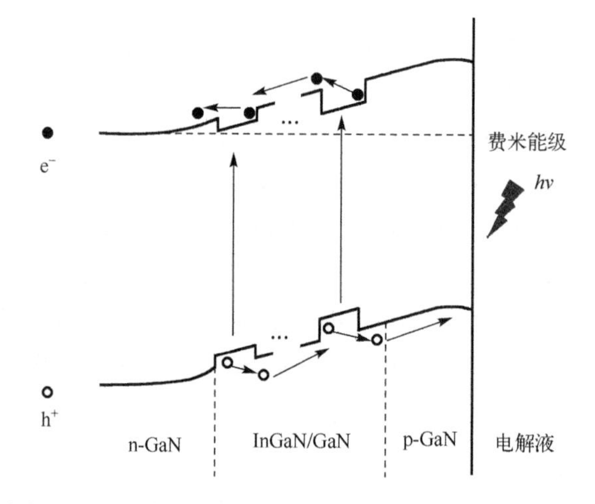

图 10-8　具有 DBR 的 InGaN/GaN 结构能带示意图

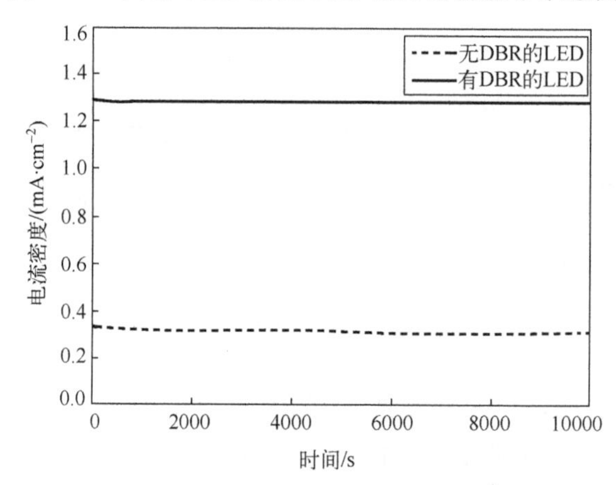

图 10-9　两种 InGaN/GaN 结构在 0V 时的光电流密度-时间曲线

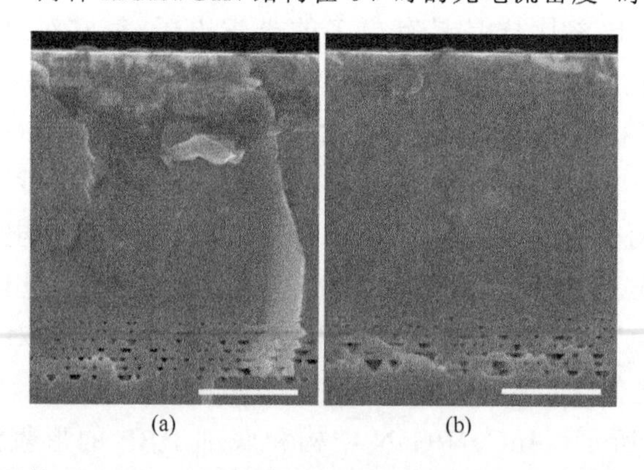

图 10-10　具有 DBR 的 InGaN/GaN 结构在光解水实验前后的切面 SEM 图(比例尺为 1μm)

10.3　本章小结

本章首次采用电化学刻蚀技术在 HNO_3 溶液中制备了大面积、高反射的中孔 GaN 分布布拉格反射镜(MP-GaN DBR)，并以 DBR 为衬底外延生长 InGaN/GaN 结构，制成光阳极。与参比样品相比，具有 MP-GaN DBR 的 InGaN/GaN 结构的光致发光(PL)强度显著增强，这是由于 MP-GaN DBR 的高的光反射效应和多量子阱层内量子效率的提高所致。更有趣的是，具有 MP-GaN DBR 的 InGaN/GaN 结构具有低的起始电压(–0.61V vs. RHE)、高的光电转换效率和良好的稳定性，这是由于多量子阱层的极化效应的减弱、光利用效率和内量子效率的显著提高所致。

第 11 章　自支撑纳米多孔 InGaN/GaN MQW 的制备及发光特性

InGaN基薄膜在垂直腔面发射激光器(VCSEL)和LED等发光器件领域受到了广泛的关注[14,173,215]。发光效率通常由内量子效率(IQE)和光提取效率(LEE)决定。然而，由于 InN 和 GaN 之间以及 GaN 和蓝宝石衬底之间存在大的晶格失配和热膨胀系数失配，导致外延薄膜缺陷密度高、应力大、压电极化效应(P_{PE})强，降低了薄膜的 IQE[68,161,216,217]。此外，由于空气(n = 1)和 GaN(n = 2.48)之间的折射率的巨大差异，薄膜的内反射效应降低了 InGaN 基 MQW 的 LEE。

为了解决这些问题，开发了刻蚀技术[161,165]。然而，干法刻蚀技术除了成本高外还会对薄膜有一定损伤，这使得湿法刻蚀技术成为一个很好的替代技术[218,219]。韩等人组合使用湿法刻蚀和 MOCVD 技术制备了自支撑 GaN 基 LED[78]；我们在室光下采用电化学刻蚀技术制备了具有 NP-GaN 层的 InGaN/GaN 结构[165]，其发光峰强度没有明显提高，表明除了 V 型坑外，InGaN/GaN 层基本没有被刻蚀，这是由于 GaN 势垒层的掺杂密度太低(N_D = $6.5\times10^{17}cm^{-3}$)。与电化学刻蚀方法相比，紫外光辅助电化学刻蚀技术制备的 NP-GaN 薄膜具有更高的孔隙率，这意味着紫外光辅助电化学刻蚀技术有望将 InGaN/GaN 结构转变为纳米多孔结构。

在紫外光下，采用电化学刻蚀技术在 HNO_3 溶液中制备了自支撑的垂直排列的纳米多孔 InGaN 基薄膜，其可以转移到柔性不锈钢布等其他衬底上。与外延生长的 InGaN 基薄膜相比，刻蚀和转移后的样品 PL 强度显著增加，半高宽(FWHM)减小，并伴随峰位蓝移。

11.1 实验部分

11.1.1 薄膜的外延生长

采用 MOCVD 在蓝宝石衬底上制备了 InGaN 基 MQW 薄膜[215]。该薄膜由 2μm 厚的 GaN 缓冲层，2μm 厚掺杂浓度（N_D）为 $8.0\times10^{18}cm^{-3}$ 的 n-GaN 层组成（生长温度为 1030℃），10 周期的 $In_{0.05}Ga_{0.95}N$/GaN 超晶格（SL）外延层（由 3nm 厚的 InGaN 阱和 7nm 厚的 GaN 势垒组成），以及 14 周期的 $In_{0.186}Ga_{0.814}N$/GaN MQW 层（由 4nm 厚 InGaN 阱和 10nm 厚 GaN 势垒构成）。

11.1.2 薄膜的光电化学刻蚀

在双电极电解池中，以 InGaN 基薄膜为阳极，铂片为阴极，在紫外光下进行光电化学刻蚀[165]。刻蚀液为 0.3M HNO_3 溶液，刻蚀电压（18V）通过源表（Gwinstek GPD-3303S）输出，刻蚀时间为 10min。为了制备自支撑 InGaN 基 MQW 薄膜，将 n-GaN 层替换为双层 n-GaN 结构（即在轻掺杂 GaN 层（$N_D = 8.0\times10^{18}cm^{-3}$）下生长了一层重掺杂 GaN 层（$N_D = 1.8\times10^{19}cm^{-3}$）。

GaN 薄膜的孔隙率随载流子浓度的增加而增加。当载流子浓度在恒定电压（18V）下达到临界值时，轻掺杂 NP-GaN 层与蓝宝石衬底上的重掺杂 NP-GaN 层分离。然后，将具有轻掺杂 NP-GaN 层的自支撑 InGaN 基 MQW 薄膜（$>1\times1cm^2$）分别转移到不锈钢布和石英衬底上。

11.1.3 测试和表征

分别用 SEM（Nova NanoSEM 450）和高分辨率 TEM（HRTEM）（JEM-2100）表征了 InGaN 基 MQW 结构的微观结构和晶体质量。PL 光谱和拉曼光谱的激光波长分别为 325nm 和 632.8nm。

11.2 结果和讨论

图 11-1（a）和（b）是纳米多孔 InGaN/GaN MQW 结构的表面和切面 SEM 图。如图 11-1（a）所示，样品表面呈现出典型的 V 形孔和一些纳米孔（用圆

圈标记)。V 形孔的形成可能源于螺纹边缘位错[197]，而纳米孔的存在与光电化学刻蚀过程有关。如图 11-1(b)所示，纳米多孔 InGaN 基 MQW 切面是三个不同的区域：①低孔隙率、垂直排列的纳米多孔 InGaN/GaN 层；②位于 InGaN/GaN 和 n-GaN 界面的水平纳米孔层；③高孔隙率、垂直排列的 NP-GaN 层。令人印象深刻的是，由于 n-GaN 层($N_D = 8.0\times10^{18}cm^{-3}$)和 InGaN/GaN 结构的势垒(GaN)层($N_D = 6.5\times10^{17}cm^{-3}$)显著差异，刻蚀后 n-GaN 层孔隙率比 InGaN/GaN 层孔隙率高很多。尽管我们之前的论文中已经报道了水平纳米孔和 NP-GaN 层的形成机制[165]，然而垂直排列的纳米多孔 InGaN/GaN 层的形成机制尚不清楚。

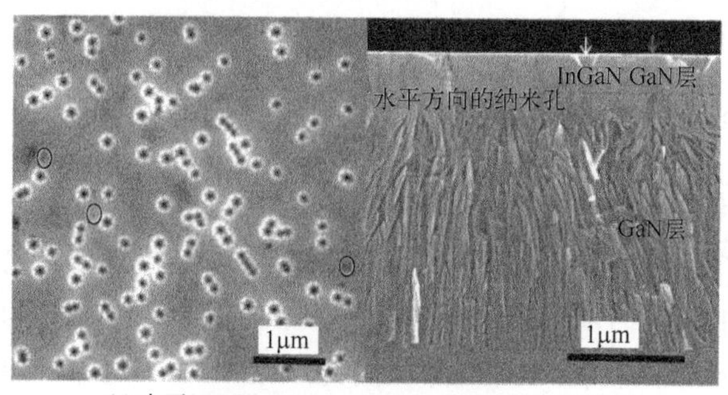

(a) 表面SEM图　　(b)切面SEM图

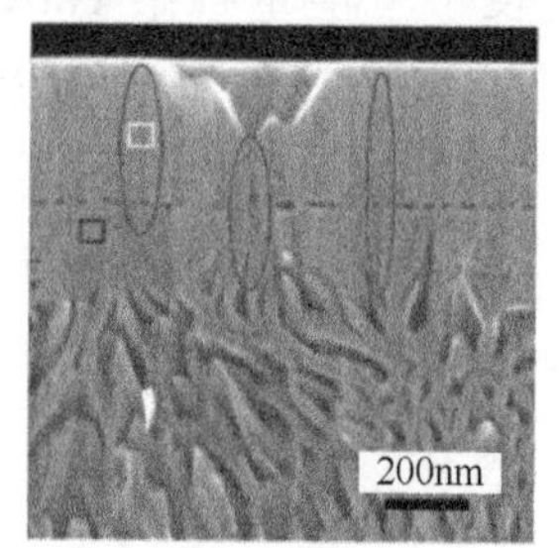

(c) 放大的切面SEM图

图 11-1　刻蚀样品的 SEM 图

高分辨率的切面 SEM 图有助于揭示纳米多孔 InGaN/GaN 层的形成机理。如图 11-1(c)所示，沿[0002]晶向的一些纳米孔(直径约 13.4nm；密度约 $4.1\times10^9cm^{-2}$)出现在 InGaN/GaN 层中，这与缺陷主导的垂直刻蚀有关[100,215]。InGaN/GaN 层中的空间电荷层宽度(d_{SCR})可通过式(11-1)计算[100]：

$$d_{\mathrm{SCR}} = \sqrt{\frac{2\varepsilon\varepsilon_0 U}{qN_{\mathrm{D}}}} \tag{11-1}$$

式中，ε(8.9)、ε_0(8.85×10^{-12}F/m)、U、q(1.6×10^{-19}C)和 N_{D} 分别为 GaN 的介电常数、真空介电常数、电压、电子电荷和载流子浓度。由 InGaN/GaN 结构中势垒(GaN)层的 N_{D} 约为 6.5×10^{17}cm^{-3} 和 U 为 15V，可计算出 d_{SCR} 为 150.7nm。假设每个 SCR 围绕 MQW 结构的势垒层(GaN)中的一个垂直纳米孔，基于圆形空间电荷层的假设，计算出的孔密度为 4.4×10^9cm^{-2}。图 11-1(c)切面 SEM 所示的孔密度(4.1×10^9cm^{-2})略小于 4.4×10^9cm^{-2}，表明在 InGaN/GaN 结构的势垒(GaN)层中没有形成分叉的纳米孔，而是形成垂直排列的纳米多孔 InGaN/GaN 层(图 11-1(c))。

GaN 的刻蚀机理已有文献报道[100,196]，而 InGaN 的刻蚀机理和 GaN 类似。InGaN/GaN 结构的光电化学反应由式(11-2)和式(11-3)组成。

$$\mathrm{InGaN + GaN + 3h^+ + 6H_2O = 2Ga(OH)_3 + In(OH)_3 + N_2 + 3H^+} \tag{11-2}$$

其中，h^+是空穴，$Ga(OH)_3$ 和 $In(OH)_3$ 在酸性溶液中不稳定，溶于酸，转变成 Ga^{3+}和 In^{3+}。

$$\mathrm{2Ga(OH)_3 + In(OH)_3 + 9H^+ = 2Ga^{3+} + In^{3+} + 9H_2O} \tag{11-3}$$

式(11-2)为氧化反应，式(11-3)为溶解反应。缺陷处的氧化和氧化物的溶解导致纳米孔的形成(图 11-1(c))。

HRTEM 技术被用来研究纳米多孔 InGaN 基 MQW 薄膜的微观结构和晶体质量。图 11-2(a)表明单晶 InGaN/GaN 结构是沿着[0002]晶向生长的。图 11-2(b)是 NP-GaN 层的切面 HRTEM 图。经过计算，晶面间距约为 0.263nm 和 0.280nm，比六方 GaN 体材料的(0002)和($10\bar{1}0$)面间距值略大，表明 NP-GaN 基薄膜仍然存在一定的残余应力。此外，图 11-1(b)所示水平孔是沿着<$10\bar{1}0$>晶向的。如图 11-2(c)所示，选区电子衍射(SAED)图案显示出亮点，证实了薄膜是沿着[0002]晶向生长的。

GaN 薄膜的孔隙率随载流子浓度的增加而增加[99,100,220]。当载流子浓度在恒定电压(18V)下达到临界值时，轻掺杂 NP-GaN 层与蓝宝石衬底上的重掺杂 NP-GaN 层分离。图 11-3 是转移到柔性不锈钢布上的具有 NP-GaN 层(>1×1cm^2)的自支撑纳米多孔 InGaN 基 MQW 薄膜。

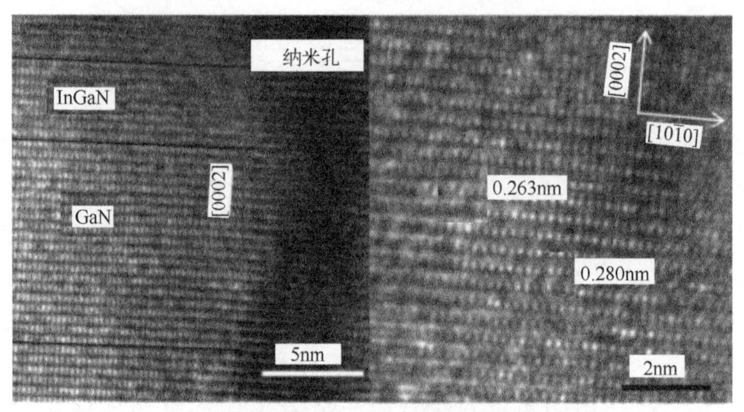

(a) 纳米多孔MQW层的HRTEM图　(b) 纳米多孔GaN层的HRTEM图

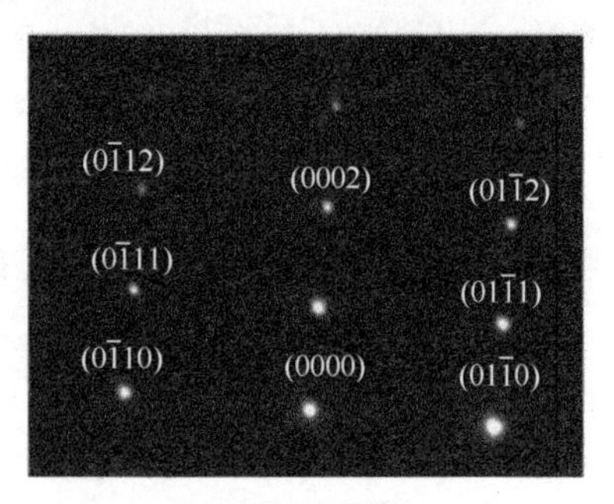

(c) SAED图案

图 11-2　刻蚀样品的 HRTEM 图和 SAED 图

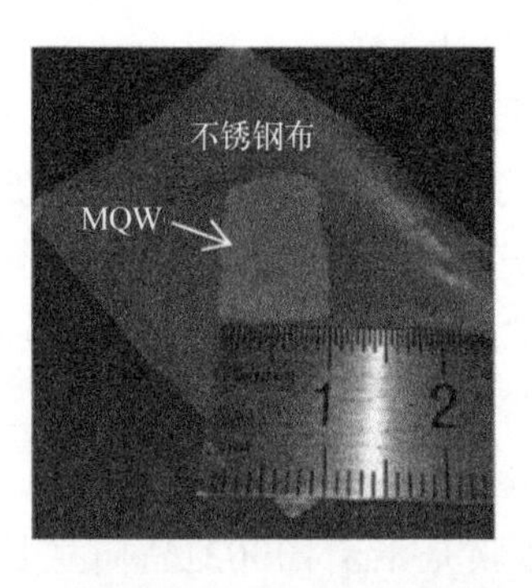

图 11-3　转移到不锈钢布上的自支撑纳米多孔 InGaN 基 MQW

图 11-4(a)是自支撑纳米多孔 InGaN 基 MQW 薄膜的 TEM 图像。可以清楚地观察到六角孔和纳米孔，这与图 11-1(a)所示的样品一致。图 11-4(b)和(c)是 V 形孔一角的 HRTEM 图和 SAED 图。晶面间距约为 0.282nm，介

于 0.2762nm(GaN$(10\bar{1}0)$面间距)和 0.3065nm(InN$(10\bar{1}0)$面间距)之间，对应的是应力松弛的自支撑 InGaN 基结构，图 11-4(c)SAED 图案呈现出亮点，进一步证实了这一点。

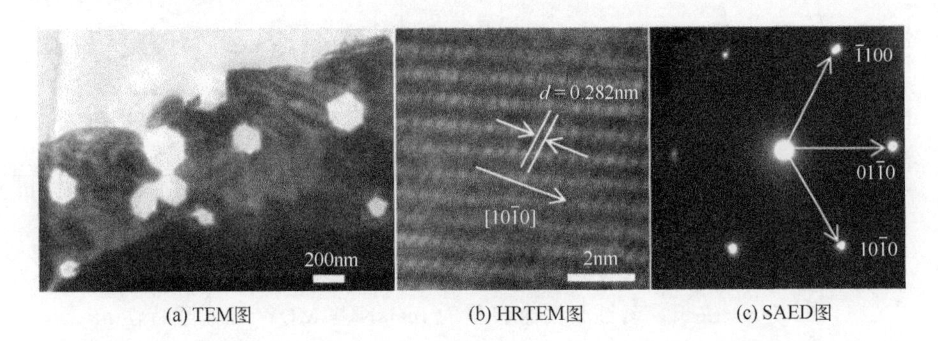

(a) TEM图　(b) HRTEM图　(c) SAED图

图 11-4　自支撑纳米多孔 InGaN 基 MQW 薄膜的 TEM 图、HRTEM 图和 SAED 图

拉曼光谱和 PL 光谱被用来研究四个样品的光学性质。图 11-5(a)是四个样品在室温下的拉曼光谱。在光谱中观察到一个强的 GaN E_2(h)峰和一个弱的 GaN A_1(LO)峰，这与纤锌矿 GaN 的拉曼选择规则一致[169]。

与外延生长的样品相比，刻蚀和两个转移后的 MQW 还出现了 E_1(TO)和 A_1(TO)模式。TO 模式的出现是由于多孔结构的侧壁散射增加引起的。然而，拉曼光谱中并未观察到 InGaN E_2(h)峰，这可能是由于 InGaN 的含量低所致。GaN E_2(h)峰被用来研究 MQW 结构的应力状态。与外延生长样品的 GaN E_2(h)峰(570.8cm^{-1})相比，刻蚀样品和两个转移样品的峰位置分别为 569.5cm^{-1}、567.7cm^{-1} 和 567.7cm^{-1}，这表明 MQW 层中发生了应力

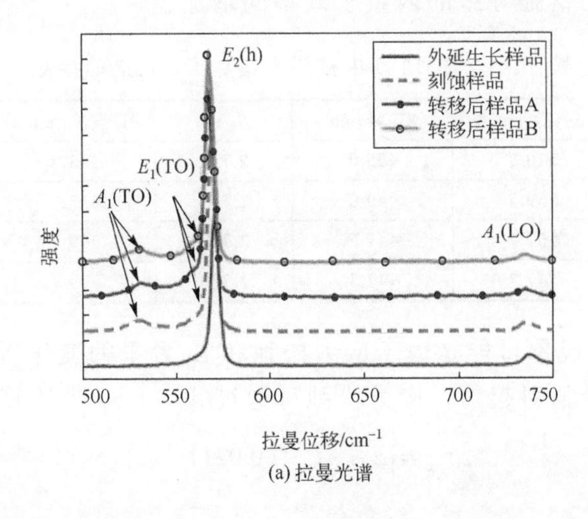

(a) 拉曼光谱

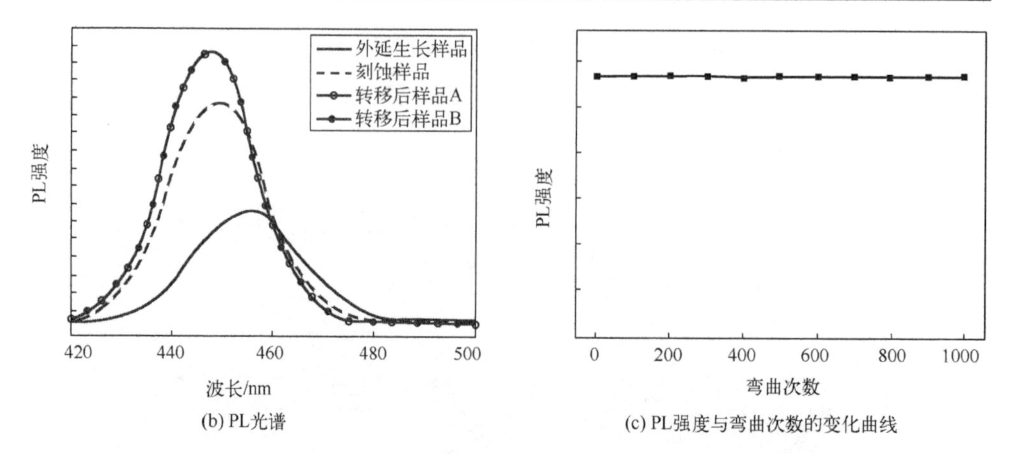

(b) PL光谱　(c) PL强度与弯曲次数的变化曲线

图 11-5　生长、刻蚀和两个转移的 InGaN 基 MQW 的光学特性

松弛。根据等式(11-4)[169,196]，四个样品的面内应力($\sigma_{xx} = \sigma_{yy}$)分别为 0.31GPa、0.74GPa 和 0.74GPa。

$$\sigma_{xx} = \sigma_{yy} = \Delta\omega / k \tag{11-4}$$

式中，$\Delta\omega$ 为 GaN E_2(h)峰的位移，k 为 4.2cm^{-1}/GPa。

图 11-5(b)是四个样品的 PL 光谱。光谱显示出强烈的蓝光峰，对应于相分离的 MQW 结构。表 11-1 是 PL 光谱参数。与外延生长的 InGaN 基薄膜相比，刻蚀和转移后的样品的 PL 强度显著增加，半高宽(FWHM)减小，并伴随峰位蓝移。PL 强度的增加可能是由于垂直排列的纳米多孔 InGaN/GaN 结构增加了光提取面积和光引导效应，以及 MQW 结构缺陷密度的降低和应力松弛导致的内量子效率的增加。

表 11-1　图 11-5 中拉曼光谱和 PL 光谱的参数

样品	E_2(h)/cm^{-1}	PL 峰/nm	E_g/eV	PL 强度(a.u.)	FWHM/nm
未刻蚀	570.8	455.0	2.724	333.2	24.1
刻蚀	569.5	449.0	2.761	633.1	22.6
转移 A	567.7	447.5	2.770	799.7	21.0
转移 B	567.7	447.5	2.770	799.7	21.0

通常，蓝移现象可能是由于应力松弛和 In 含量的变化所致。假设蓝移仅仅是由应力松弛引起的，应力松弛可通过式(11-5)[46]计算：

$$\sigma_{xx} = \left| E_{g_2} - E_{g_1} \right| / 0.0211 \tag{11-5}$$

其中，E_g 是 InGaN/GaN MQW 层的带隙。刻蚀和两个转移后的样品的σ_{xx}约为 1.90GPa、3.32GPa 和 3.32GPa，这些值大于基于拉曼光谱计算的值(即 0.31GPa、0.74GPa 和 0.74GPa)(图 11-5(a))，表明 PL 峰的蓝移一部分可以归因于 MQW 结构的应力松弛，另一部分应归因于 MQW 结构中 $In_xGa_{1-x}N$ 的 In 含量的改变。

若扣除应力松弛所带来的蓝移量，则 $In_xGa_{1-x}N$ 的组分可以通过式 (11-6)[221,222]进行计算：

$$E_{g,\text{InGaN}}(x) = xE_{g,\text{InN}} + (1-x)E_{g,\text{GaN}} - bx(1-x) \tag{11-6}$$

其中，$E_{g,\text{InGaN}}$ 为 1.115eV，$E_{g,\text{InN}}$ 为 0.67eV，$E_{g,\text{GaN}}$ 为 3.4eV。对于外延生长的样品，刻蚀样品和两个转移后的样品的 $E_g(x)$ 分别为 2.724eV、2.754eV、2.754eV 和 2.754eV，扣除应力松弛量，$In_xGa_{1-x}N$ 估计值分别为 $In_{0.186}Ga_{0.814}N$、$In_{0.177}Ga_{0.823}N$、$In_{0.177}Ga_{0.823}N$ 和 $In_{0.177}Ga_{0.823}N$。InGaN 层中 In 成分的减少可能是由于在刻蚀过程中 In 比 Ga 更易被氧化所致。

为了研究其在柔性器件领域的应用潜力，系统地研究了柔韧性对 PL 性能的影响。图 11-5(c)是转移到柔性不锈钢布上的 MQW 薄膜的 PL 强度与弯曲次数的关系曲线。研究发现，在弯曲 1000 次后其仍保持稳定的 PL 强度，这与其他文献中的报道值相吻合[223,224]，这意味着柔性纳米多孔 InGaN/GaN MQW 材料具有较好的稳定性。

11.3　本章小结

在 HNO_3 溶液中，采用紫外光辅助电化学刻蚀技术制备出自支撑的垂直排列的纳米多孔 InGaN 基 MQW 薄膜，然后分别将其转移到不锈钢布和石英衬底上。与外延生长的样品相比，刻蚀和转移后的薄膜显示出增强的 PL 峰，并伴随蓝移。发光增强归因于 MQW 晶体质量的提高导致了 IQE 的提高，以及垂直排列的纳米多孔 InGaN/GaN 结构具有高的光提取表面积和光引导效应导致 LEE 的提高；蓝移现象是由于 MQW 层发生应力松弛和 InGaN 层中 In 含量改变所致。此外，柔性纳米多孔 InGaN/GaN MQW 材料还具有较好的稳定性。该研究为 III-V 族半导体材料在柔性发光和显示器件等领域的应用奠定了基础。

第 12 章 具有纳米多孔 GaN 反射镜的多孔 InGaN/GaN MQW 的光解水特性

温室效应主要是由于煤炭、石油和天然气等化石燃料燃烧产生二氧化碳气体进入大气造成的，全球对能源需求的增加使开发清洁和可再生能源成为研究热点[225,226]。近年来，太阳能光电化学分解水产生氢气这个前沿问题引起了越来越多的关注。经过大量的努力，已经开发了许多用于光电化学分解水的光电极[227-231]，然而，大多数光电极在光转化效率和材料稳定性方面存在一定的局限性。

氮化镓(GaN)在强酸和强碱条件下具有良好的化学稳定性，其导带和价带电势位置能够在零偏压下光解水制备氢气[232]。通过与 InN 形成合金可以对其带隙进行调制，可覆盖太阳光谱，使 InGaN 成为太阳能分解水制氢的理想材料。近年来，InGaN 基薄膜已被广泛地用于光电化学分解水制氢。据报道，增加 InGaN 基薄膜的比表面积，改变 InGaN 层的厚度和 In 含量，以及沉积金属氧化物，可以提高太阳能分解水制氢性能[209,233-236]。此外，底部的 DBR 结构可以提高多量子阱(MQW)层的光利用能力[237]。然而，提高 InGaN 基薄膜光电极的效率仍然面临一些挑战，例如：如何提高光吸收以及如何实现光生电荷更加有效地分离。

本章通过在中性溶液中进行电化学(EC)刻蚀，制备了可转移的、自支撑的、具有 NP-GaN 反射镜的 NP-GaN 基 MQW 薄膜，系统地研究了其应力、晶体质量、纳米孔结构、光学及光电化学特性，确定了最佳制备工艺，揭示了其可控制备机制，阐明了其光电化学分解水机理。与外延生长的 MQW 样品相比，刻蚀和转移后的样品呈现出更高的光生电子-空穴对的分离效率和更快的界面电荷转移能力。在三个样品中，转移后的 MQW 样品具有最低的开启电压、最高的转化效率以及出色的稳定性。

12.1 实验部分

12.1.1 薄膜外延生长

采用有机金属化学气相沉积(MOCVD)技术在 C 面蓝宝石上异质外延生长 GaN 基 MQW 结构。如图 12-1 所示，该结构由 n^+-GaN 层($N_D = 2\times10^{19}cm^{-3}$)、12 个周期性交替的未掺杂 GaN(u-GaN)和 n-GaN($N_D = 1.0\times10^{19}cm^{-3}$)层、10 个周期的 $In_{0.05}Ga_{0.95}N$/GaN 超晶格(SL)外延层和 20 个周期的 $In_{0.2}Ga_{0.8}N$/GaN 多量子阱(MQW)层组成。与传统结构相比，我们将 GaN 基 MQW 结构中 InGaN 和 GaN 层的掺杂浓度提高到 $1.0\times10^{19}cm^{-3}$，在随后的电化学刻蚀过程中可以提高 GaN 基 MQW 结构的孔隙率。

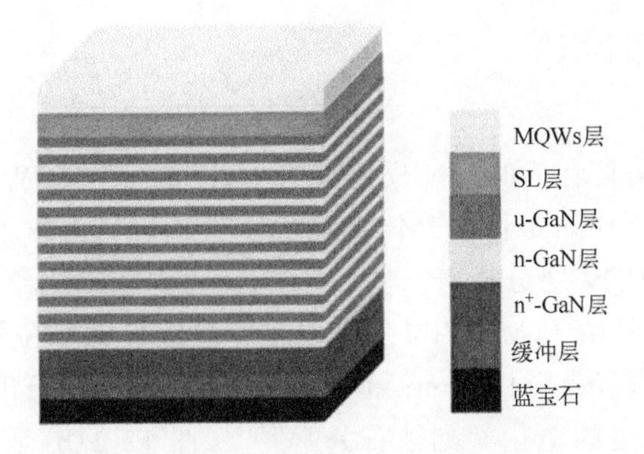

图 12-1 外延生长的 GaN 基 MQW 结构示意图(见彩图)

12.1.2 薄膜的电化学刻蚀

以 GaN 基 MQW 结构为阳极，以 Pt 为阴极，在双电极电化学池中进行刻蚀，制备了具有 NP-GaN 反射镜的 NP-GaN 基 MQW。电化学刻蚀溶液为 0.3M $NaNO_3$ 溶液，刻蚀电压和时间分别为 15V 和 20 分钟。为了制备自支撑、具有 NP-GaN 反射镜的 NP-GaN 基 MQW，刻蚀时间延长到了 25 分钟。

12.1.3 测试和表征

采用扫描电子显微镜(SEM，Helios G4 CX)和高分辨 X 射线衍射(HRXRD)测试样品的形貌和结构特征；采用比表面积分析仪(ASAP 2020 sorptometer)测量样品的比表面积(S_{BET})和孔径分布；采用双光束紫外-可见-近红外分光光度计(TU-1901)测试样品的反射光谱；采用激发波长为 632.8nm 和 325nm 的拉曼光谱仪和光致发光(PL)光谱仪测试样品的拉曼光谱和 PL 光谱。

使用电化学工作站(CHI 660E)在三电极系统中测试样品的光电流-电压曲线、光电流-时间曲线和电化学阻抗能谱(EIS)。该三电极系统包括 Ag/AgCl 参比电极、GaN 基 MQW 工作电极($1\times1cm^2$)和铂片对电极。在配有 AM 1.5 滤光片(>390nm)的氙灯(71LX500P)照射下，在 1M NaCl 溶液中分解水。使用气相色谱仪(Huaai GC9560)进行定量评估 H_2 和 O_2 的产量。

12.2 结果和讨论

图 12-2(a)是具有 NP-GaN 反射镜的 NP-GaN 基 MQW 样品的 60°角表面 SEM 图像。该样品是在 0.3M $NaNO_3$ 溶液中 15V 电压下刻蚀 20 分钟制备的。样品的 MQW 层分布着一些 V 形孔，为倒金字塔结构，表面呈六边形。这些 V 形孔是由于 MQW 层生长过程中的线性刃型位错导致的。此外，大量的纳米孔(直径：～15.1nm；密度：$\sim8.69\times10^{10}cm^{-2}$)出现在样品表面，这与在缺陷处发生的电化学刻蚀有关[237,238]。图 12-2(b)是具有 NP-GaN 反射镜的 NP-GaN 基 MQW 的切面 SEM 图像。刻蚀样品呈现出三个不同的刻蚀区域。区域Ⅰ是 6 个周期的 NP $In_{0.2}Ga_{0.8}N$/GaN MQW 层，区域Ⅱ是垂直排列的 NP $In_{0.05}Ga_{0.95}N$/GaN SL 层，区域Ⅲ是 12 个周期 GaN/NP-GaN 反射镜层。

根据式(12-1)[239,240]，$In_{0.2}Ga_{0.8}N$/GaN MQW 层中空间电荷区的宽度(d_{SCR})为 41.14nm。

$$d_{SCR}=\sqrt{\frac{2\varepsilon\varepsilon_0U}{qN_D}} \tag{12-1}$$

其中，q(1.6×10^{-19}C)，N_D($1.0\times10^{19}cm^{-3}$)，U(15V)，ε(9.16)和 ε_0(8.85×10^{-12}F/m)分别是电子的电荷量、$In_{0.2}Ga_{0.8}N$/GaN 层的载流子浓度、电化学刻蚀电压、$In_{0.2}Ga_{0.8}N$/GaN 的介电常数和真空介电常数。如图 12-2(b)所示，在区域Ⅰ的 MQW 层中形成了 6 个周期的 NP $In_{0.2}Ga_{0.8}N$/GaN 结构，这是由于 $In_{0.2}Ga_{0.8}N$/GaN MQW 的整体厚度为 280nm，仅为 d_{SCR} 的 6 倍；由于 $In_{0.05}Ga_{0.95}N$/GaN 层中的 In 含量较低，$In_{0.05}Ga_{0.95}N$/GaN SL 层的刻蚀机理与 GaN 相似，在区域Ⅱ的 SL 层中形成了垂直排列的纳米孔；在区域Ⅲ，GaN/NP-GaN 反射镜层的形成机制已在我们之前的论文中介绍过[241]。

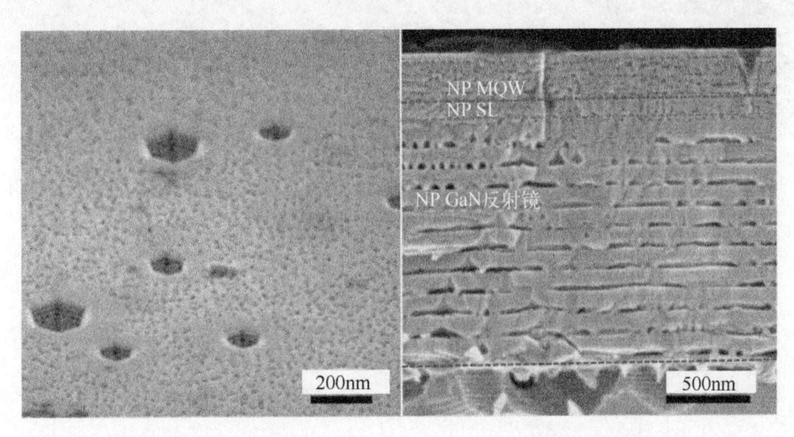

(a) 60°角的表面SEM图像　(b) 切面SEM图像

图 12-2　具有 NP-GaN 反射镜的 NP-GaN 基 MQW 样品的 SEM 图像

随着半导体薄膜载流子浓度的增加，电化学刻蚀会导致薄膜的孔隙率上升；即调制不同 GaN 层的掺杂浓度，采用电化学刻蚀技术可将薄膜从衬底剥离，制备出自支撑 NP-GaN 基薄膜。当 n^+-GaN 层和 n-GaN 层的 N_D 分别为 $2\times10^{19}cm^{-3}$ 和 $1\times10^{19}cm^{-3}$ 时，采用电化学刻蚀技术获得了大面积($>1\times1cm^2$)、自支撑、具有 NP-GaN 反射镜的 NP-GaN 基 MQW 薄膜。图 12-3 是其切面 SEM 图像。可以清晰地看到三层不同的纳米孔结构，这与图 12-2(b)所示的纳米孔结构相似，表明电化学刻蚀技术是制备自支撑 NP-GaN 基 MQW 薄膜的有效方法。

图 12-4 是自支撑、具有 NP-GaN 反射镜的 NP-GaN 基 MQW 的孔径分布和 N_2 吸附/脱附等温线。如插图所示，N_2 等温线是具有滞后环的 IV 型等温线，证明了自支撑的样品具有纳米多孔层。此外，根据 Brunauer-

Emmett-Teller(BET)模型，自支撑样品的比表面积(S_{BET})为 24.1m^2g^{-1}，其孔径范围为从 3.1nm 到 60.2nm，平均孔径为 28.7nm。

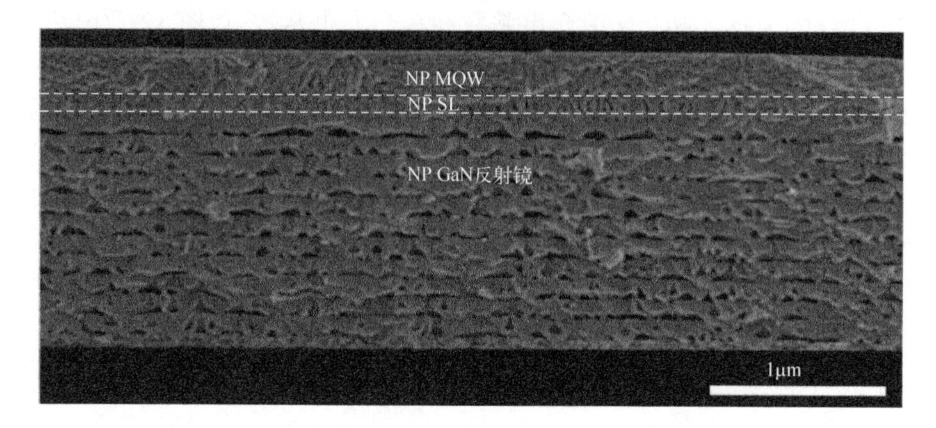

图 12-3　具有 NP-GaN 反射镜的自支撑 NP-GaN 基 MQW 的切面 SEM 图像

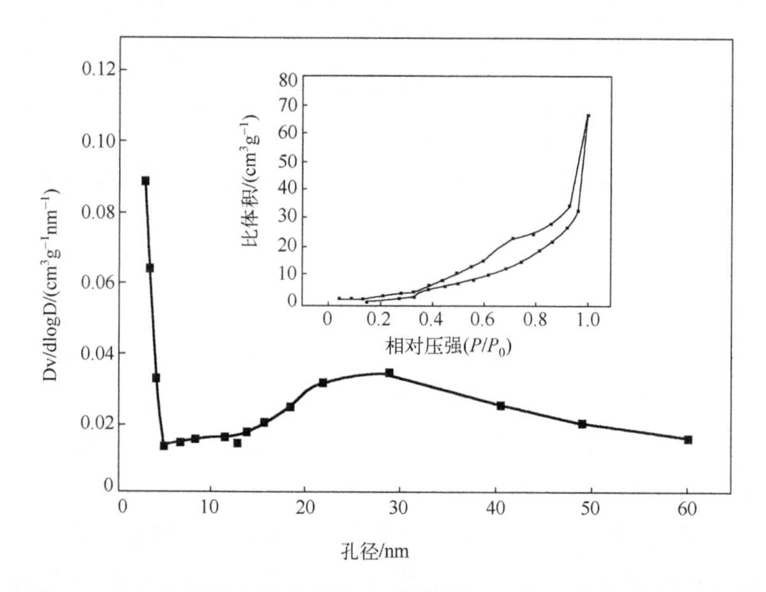

图 12-4　自支撑样品的孔径分布(插图是 N_2 的吸附/脱附等温线)

图 12-5(a)是外延生长的 MQW(AG MQW)、刻蚀后的纳米多孔 MQW(NP MQW)和转移至石英衬底的自支撑 MQW(FS MQW)的 HRXRD 图谱。图中出现了 GaN(002)和(100)衍射峰，InGaN(002)和(100)衍射峰，以及 C 面蓝宝石的衍射峰。InGaN(002)衍射峰明显弱于 GaN(002)衍射峰，这

归因于三个样品中的 InGaN 含量相对较低。在这些样品中，只有刻蚀样品和自支撑样品出现了 Ga_2O_3 和 In_2O_3 的 XRD 峰，表明氧化物为刻蚀的中间产物。GaN 基 MQW 结构的电化学刻蚀反应如下：

$$2In_xGa_{1-x}N + 2GaN + 6H_2O + 12h^+ \longrightarrow (2-x)Ga_2O_3 + xIn_2O_3 + 2N_2 + 12H^+ \tag{12-2}$$

$$(2-x)Ga_2O_3 + xIn_2O_3 + 12H^+ \longrightarrow (4-2x)Ga^{3+} + 2xIn^{3+} + 6H_2O \tag{12-3}$$

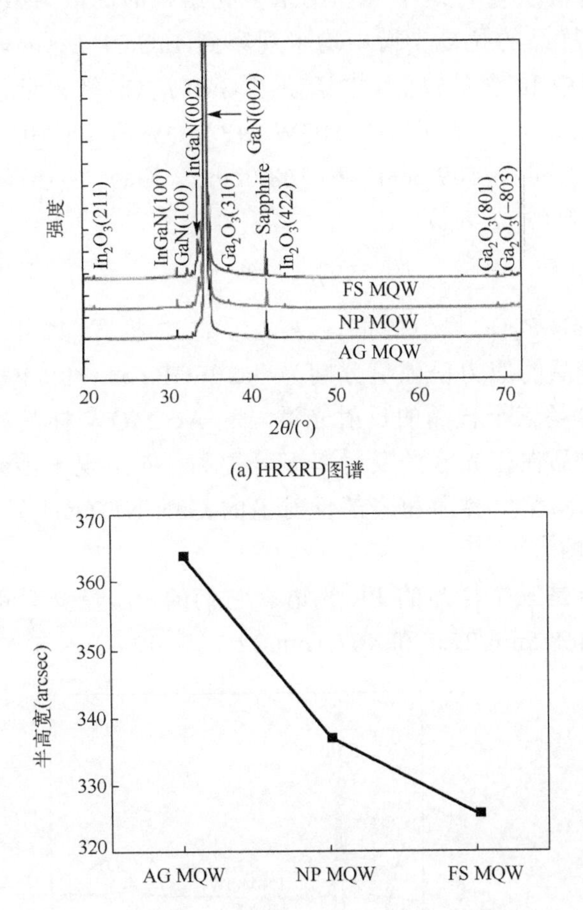

(a) HRXRD图谱

(b) InGaN(10-12)衍射峰的XRD摇摆曲线的半高宽

图 12-5　AG MQW、NP MQW 和 FS MQW 样品的 HRXRD 图谱和摇摆曲线

与 InGaN(0002)晶面的摇摆曲线相比，InGaN(10-12)晶面的摇摆曲线

对 InGaN 薄膜中的缺陷更敏感，因此，选择 InGaN(10-12)晶面的摇摆曲线研究样品的晶体质量[242,243]。如图 12-5(b)所示，三个样品中具有 FS MQW 样品线宽最小，这是由于电化学刻蚀降低了薄膜的缺陷密度，提高了晶体质量。

图 12-6(a)是 AG MQW、NP MQW 和 FS MQW 样品的拉曼光谱。如图所示，三个样品均具有纤锌矿型 GaN 的 E_2(h)峰和 A_1(LO)峰，这与之前的报道相吻合[244,245]。然而，与 AG MQW 样品相比，NP MQW 和 FS MQW 样品还具有 A_1(TO)峰，这个峰和纳米多孔结构的高散射效应有关[246,247]。此外，在三个样品的拉曼光谱中均未观察到 InGaN E_2(h)峰，这是由于样品的 InGaN 层中 In 含量较低。本章使用 GaN E_2(h)峰来近似评估 MQW 中的应力状态。如表 12-1 所示，AG MQW、NP MQW 和 FS MQW 样品的 E_2(h)峰分别为 570.7cm^{-1}、569.6cm^{-1} 和 568.0cm^{-1}。GaN E_2(h)峰向低频移动可归因于应力松弛($\sigma_{xx}=\sigma_{yy}$)。

$$\sigma_{xx}=\sigma_{yy}=\Delta\omega/k \tag{12-4}$$

其中，$\Delta\omega$ 是 GaN E_2(h)峰值的位移，k 是常数。根据式(12-4)计算，NP MQW 和 FS MQW 样品的应力松弛量分别为～0.26GPa 和～0.64GPa。

图 12-6(b)是三个样品的反射光谱。与 AG MQW 样品相比，NP MQW 和 FS MQW 样品在蓝光区的反射率显著提高，并出现干涉条纹。干涉条纹是由顶部 InGaN/空气界面和底部反射镜的 GaN/NP-GaN 界面中的法布里-珀罗共振引起的[248, 249]。

图 12-6(c)是三个样品的 PL 光谱。它们的 PL 峰位置和半高宽分别为 470nm/23.4、468.5nm/22.7 和 467.1nm/22.1(表 12-1)。与 AG MQW 相比，

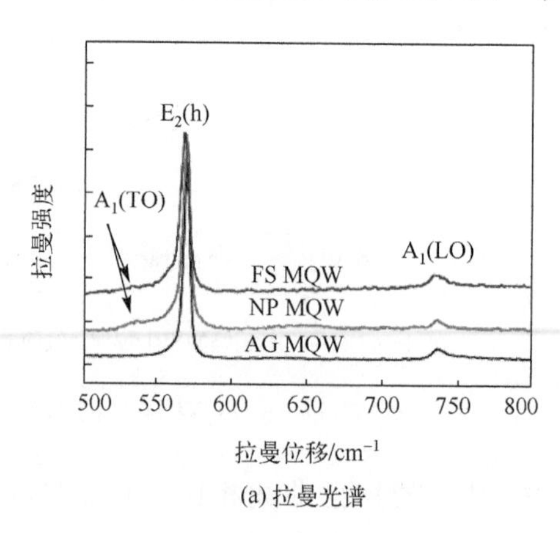

(a) 拉曼光谱

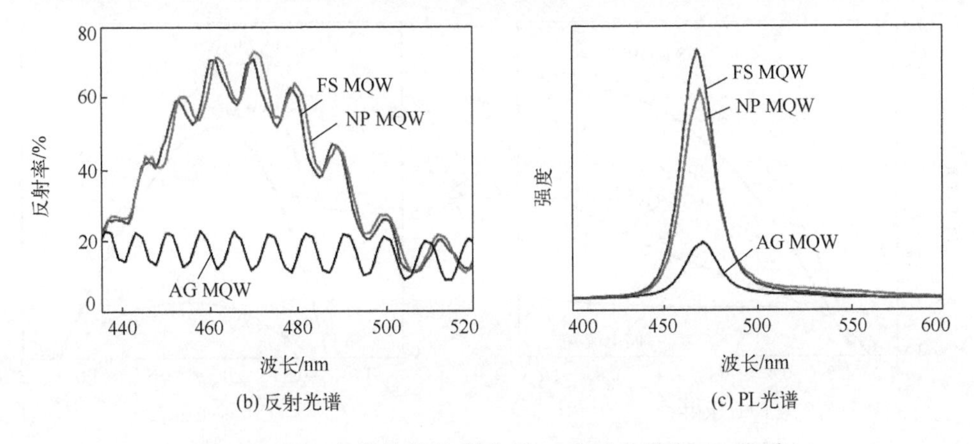

(b) 反射光谱

(c) PL光谱

图 12-6 三个样品的拉曼光谱、反射光谱和 PL 光谱

NP MQW 和 FS MQW 样品的 PL 峰蓝移可能是由于 MQW 的应力松弛导致的，这与拉曼光谱数据一致(图 12-6(a))。与 AG MQW 相比，NP MQW 和 FS MQW 样品的半高宽减小可归因于 MQW 层晶体质量的提高。此外，与 AG MQW 相比，NP MQW 和 FS MQW 样品的 PL 强度分别呈现 4 倍和 5 倍的增强，增强值超过了报道值[229,249]。发光增强可归因于 MQW 层高的结晶质量提高了其内量子效率(IQE)，以及由于 NP-GaN 反射镜的高反射效应提高了其光提取效率(LEE)。

表 12-1 三个样品的拉曼光谱和 PL 光谱的参数

样品	E_2(h)/cm^{-1}	PL 峰/nm	E_g/eV	FWHM/nm
AG MQW	570.7	470.0	2.637	23.4
NP MQW	569.6	468.5	2.646	22.7
FS MQW	568.0	467.1	2.654	22.1

图 12-7(a)是三个样品在 1M NaCl 溶液中分别在黑暗和 100mW·cm^{-2} 模拟阳光(>390nm)照射下的电流密度-电压曲线。如表 12-2 所示，NP MQW 样品的开启电压为～-0.71V vs. Ag/AgCl，其低于外延生长薄膜的开启电压(～-0.60V vs.Ag/AgCl)。这主要是由于薄膜的极化效应降低所致。极化包括自发极化(P_{SE})和压电极化(P_{PE})。在实验过程中，电化学刻蚀可以暴露出非极性面(如 M 面和 A 面)，导致 P_{SE} 的减少。存在应力的 GaN 基薄膜产生的 P_{PE} 比 P_{SE} 强。应力松弛发生在刻蚀和剥离过程中，因此三个样品中 FS MQW 样品的 P_{PE} 最小。与 NP MQW 样品相比，FS MQW 样品的开

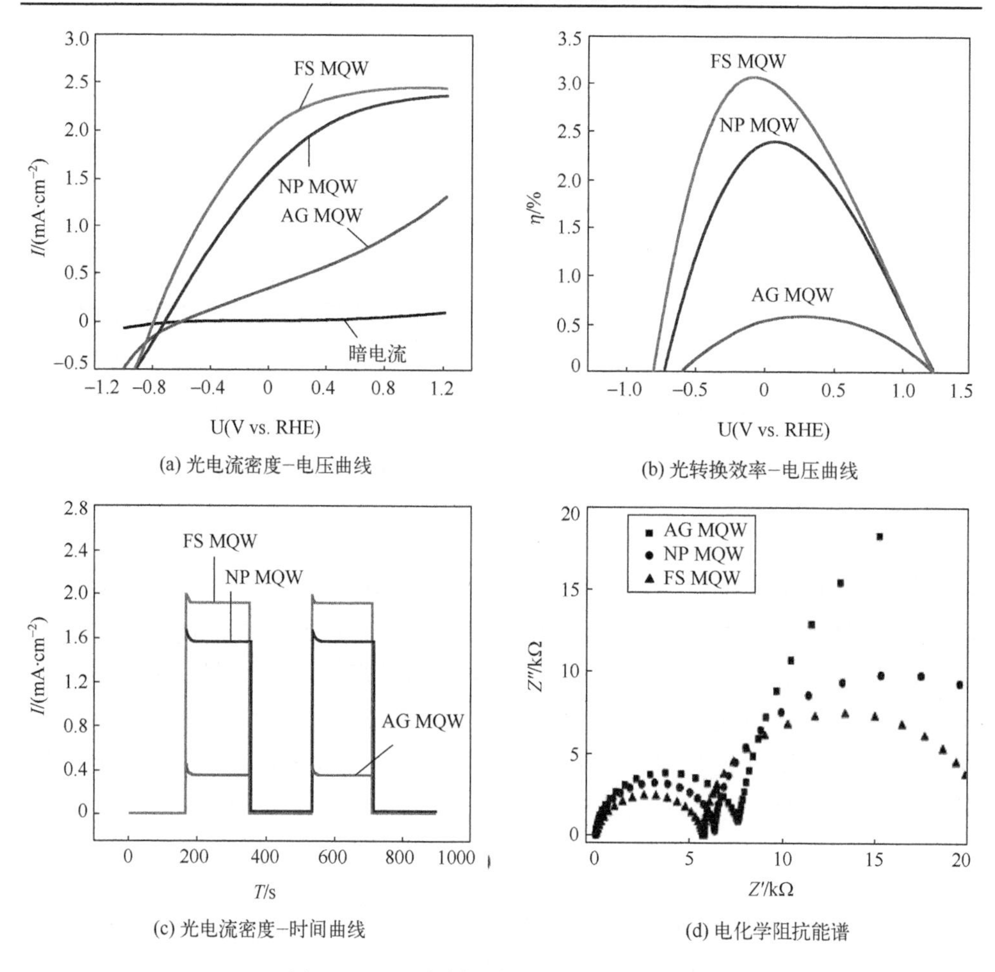

(a) 光电流密度–电压曲线

(b) 光转换效率–电压曲线

(c) 光电流密度–时间曲线

(d) 电化学阻抗能谱

图 12-7 三个样品的电化学特性曲线

表 12-2 三个样品的光解水参数

样品	开启电压/V	η_{max}	产氢量/μmol
AG MQW	−0.60	0.60%	8.8
NP MQW	−0.71	2.38%	35.6
FS MQW	−0.80	3.10%	44.7

启电压(～−0.80V vs. Ag/AgCl)较低，表明 FS MQW 样品暴露出较大的非极性面表面积，这可能是由于转移过程中产生的裂纹导致的。光转换效率(η)可以根据式(12-5)计算获得。其中 J 和 V_{app} 分别是测量的光电流密度和电压。

$$\eta = \left[\frac{J[\mathrm{mA \cdot cm^{-2}}] \times (1.23\mathrm{V} - V_{\mathrm{app}})}{100[\mathrm{mW \cdot cm^{-2}}]} \right] \times 100\% \tag{12-5}$$

图 12-7(b)是三个样品在 1M NaCl 溶液中在模拟太阳光照射下的光电转换效率-电压曲线。对测量设备造成的光学损失(约 25%)进行了校正。AG MQW 样品在 0.24V 时取得最大转化效率(η_{max})为 0.60%，而 NP MQW 和 FS MQW 样品的η_{max}值分别为 2.38%和 3.10%，对应电压分别为 0.06V 和−0.09V。其η_{max}值远高于氧化物和氮化物光阳极的报道值[250]。η_{max}值的提高可以归结为薄膜大的比表面积、底部 NP-GaN 反射镜的光反射效应导致的可见光利用能力的提高，以及 MQW 层的晶体质量提高而导致的 IQE 的提高。

图 12-7(c)是三个样品在 0V 电压下的光电流密度-时间曲线。观察到一个非常低的暗电流，大约为 $5\mu A \cdot cm^{-2}$。由于光电压的瞬态效应，样品的光响应出现了尖峰。与 AG MQW 样品相比，NP MQW 和 FS MQW 样品的光电流强度都明显增加，这意味着纳米多孔结构可以增强光生电子-空穴对的分离能力。图 12-7(d)展示了三种样品的电化学阻抗能谱。FS MQW 样品表现出最小的半圆弧，这表明 FS MQW 样品在三个样品中具有最快的界面电荷转移能力[251-253]。

图 12-8 是 AG MQW、NP MQW 和 FS MQW 样品在可见光照射下的 H_2 和 O_2 产量图。用气相色谱仪对收集的 H_2 和 O_2 进行定量的测量。如图 12-8(a)所示，在 0V 电压下进行 3500s 的光电化学分解水实验后，三个

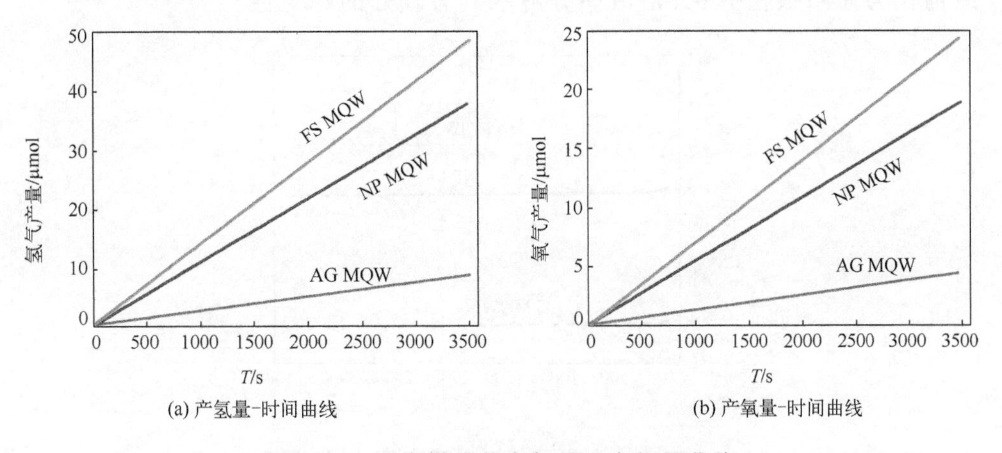

(a) 产氢量-时间曲线　　(b) 产氧量-时间曲线

图 12-8　三个样品的产氢量和产氧量曲线

样品产生的 H_2 量分别为 8.8μmol、35.6μmol 和 44.7μmol，表明 FS MQW 样品具有最大的光解水制氢效率(表 12-2)。H_2 生成量随时间呈线性增加表明这三个样品具有好的稳定性。如图 12-8(b)所示，氧气的产量是氢气的一半，表明光照下水发生了全分解。

图 12-9 是 MQW 结构的能带图。在>390nm 的可见光照射下，电子从价带跳跃到 $In_{0.2}Ga_{0.8}N$ 层的导带，产生光激发的电子-空穴对。由于 NP-GaN 反射镜的高反射率，NP MQW 和 FS MQW 样品比 AG MQW 样品产生更多的电子-空穴对。由于 MQW 薄膜大的应力松弛(0.64GPa)，FS MQW 结构的 P_{PE} 下降，从而使电场减小。而 InGaN 多量子阱的电场沿着 C 轴，可以有效地提高电荷转移能力，增加光电流密度(图 12-7(a))。

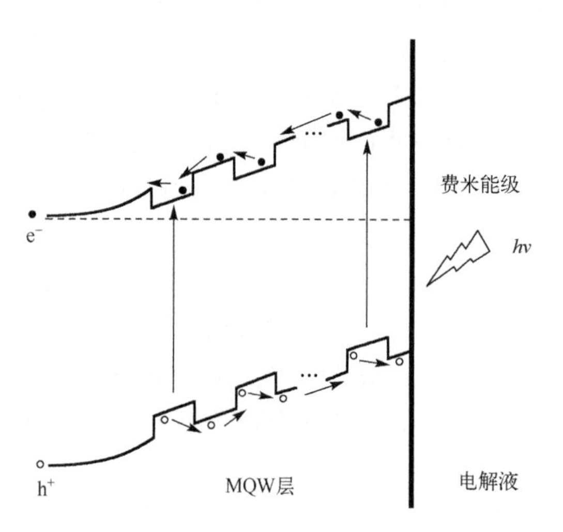

图 12-9　MQW 结构的能带图

图 12-10 是 AG MQW、NP MQW 和 FS MQW 样品在可见光照射下的光电流密度-时间曲线。三个样品的光电流密度在 3500s 内只有比较小的衰减，这表明 InGaN/GaN MQW 结构作为光阳极在 NaCl 溶液中分解水具有较好的稳定性。

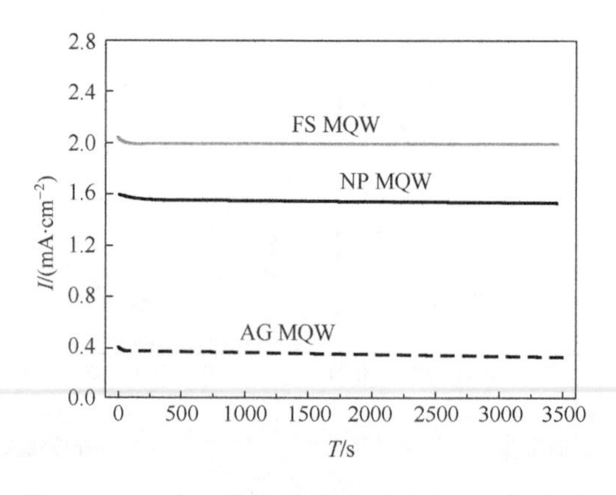

图 12-10　三个样品的光电流密度-时间曲线

12.3　本章小结

采用电化学刻蚀和掺杂技术，在中性溶液中制备了自支撑的具有 NP-GaN 反射镜的 NP-GaN 基 MQW。随后，将自支撑的 MQW 样品转移到石英衬底上，制备成光阳极，进行光电化学分解水实验。与外延生长的 MQW 样品相比，刻蚀的和自支撑的样品呈现出更高的光生电子-空穴对的分离效率和更快的界面电荷转移能力。基于空间电荷层模型的电化学刻蚀技术形成了独特的纳米结构。在电化学刻蚀后，刻蚀和自支撑的样品具有以下特点：①光致发光(PL)峰的蓝移，这是由于 MQW 层的应力松弛造成的；②PL 发光峰的增强，这与提高的内量子效率(IQE)和光提取效率(LEE)有关。IQE 的增大可归因于 MQW 晶体质量的提高，而 LEE 的提高则归因于 NP-GaN 反射镜的高反射能力。此外，与外延生长样品相比，刻蚀和转移的 MQW 样品具有较低的开启电压、较高的效率和出色的稳定性。

参考文献

[1] 郝跃, 张金凤, 张进成. 氮化物宽禁带半导体材料与电子器件[M]. 北京: 科学出版社, 2013.

[2] Arsentyev I N, Bobyl A B, Konnikov S G, et al. Porous nanostructured InP: Technology, properties, application[J]. Semiconductor Physics Quantum Electronics & Optoelectronics, 2005, 8(4): 95-104.

[3] Langa S, Frey S, Carstensen J, et al. Waveguide structures based on porous indium phosphide[J]. Electrochemical and Solid-State Letters, 2004, 8(2): C30.

[4] Salehi A, Kalantari D J. Characteristics of highly sensitive Au/porous-GaAs Schottky junctions as selective CO and NO gas sensors[J]. Sensors and Actuators B: Chemical, 2007, 122(1): 69-74.

[5] Föll H, Leisner M, Cojocaru A, et al. Macroporous semiconductors[J]. Materials, 2010, 3(5): 3006-3076.

[6] Lee J, Paek H, Yoo J B, et al. Low temperature buffer growth to improve hydride vapor phase epitaxy of GaN[J]. Materials Science and Engineering: B, 1999, 59(1-3): 12-15.

[7] Lee Y H, Kang J H, Ryu S W. Enhanced photocurrent and persistent photoconductivity in nanoporous GaN formed by electrochemical etching[J]. Thin Solid Films, 2013, 540: 150-154.

[8] AlOtaibi B, Nguyen H P T, Zhao S, et al. Highly stable photoelectrochemical water splitting and hydrogen generation using a double-band InGaN/GaN core/shell nanowire photoanode[J]. Nano Letters, 2013, 13(9): 4356-4361.

[9] Li Z, Zhang L, Liu Y, et al. Surface-polarity-induced spatial charge separation boosts photocatalytic overall water splitting on GaN nanorod arrays[J]. Angewandte Chemie, 2020, 132(2): 945-952.

[10] Reddeppa M, Park B G, Majumder S, et al. Hydrogen passivation: a proficient strategy to enhance the optical and photoelectrochemical performance of InGaN/

GaN single-quantum-well nanorods[J]. Nanotechnology, 2020, 31(47): 475201.

[11] Mishkat-Ul-Masabih S M, Aragon A A, Monavarian M, et al. Electrically injected nonpolar GaN-based VCSELs with lattice-matched nanoporous distributed Bragg reflector mirrors[J]. Applied Physics Express, 2019, 12(3): 036504.

[12] Zhang C, Park S H, Chen D, et al. Mesoporous GaN for photonic engineering highly reflective GaN mirrors as an example[J]. ACS Photonics, 2015, 2(7): 980-986.

[13] 刘艳. AlGaN/AlN/GaN异质结场效应晶体管中极化库仑场散射机制变温研究[D]. 济南：山东大学, 2017.

[14] Someya T, Werner R, Forchel A, et al. Room temperature lasing at blue wavelengths in gallium nitride microcavities[J]. Science, 1999, 285(5435): 1905-1906.

[15] Song Y K, Zhou H, Diagne M, et al. A vertical cavity light emitting InGaN quantum well heterostructure[J]. Applied Physics Letters, 1999, 74(23): 3441-3443.

[16] Naranjo F B, Fernandez S, Sánchez-Garcıa M A, et al. Resonant-cavity InGaN multiple-quantum-well green light-emitting diode grown by molecular-beam epitaxy[J]. Applied Physics Letters, 2002, 80(12): 2198-2200.

[17] Sharma R, Choi Y S, Wang C F, et al. Gallium-nitride-based microcavity light-emitting diodes with air-gap distributed Bragg reflectors[J]. Applied Physics Letters, 2007, 91(21): 211108.

[18] Christopoulos S, Von Högersthal G B H, Grundy A J D, et al. Room-temperature polariton lasing in semiconductor microcavities[J]. Physical Review Letters, 2007, 98(12): 126405.

[19] Lu T C, Wu T T, Chen S W, et al. Characteristics of current-injected GaN-based vertical-cavity surface-emitting lasers[J]. IEEE Journal of Selected Topics in Quantum Electronics, 2011, 17(6): 1594-1602.

[20] Park S I, Xiong Y, Kim R H, et al. Printed assemblies of inorganic light-emitting diodes for deformable and semitransparent displays[J]. Science, 2009, 325(5943): 977-981.

[21] Rogers J A, Lagally M G, Nuzzo R G. Synthesis, assembly and applications of semiconductor nanomembranes[J]. Nature, 2011, 477(7362): 45-53.

[22] Yang H, Zhao D, Chuwongin S, et al. Transfer-printed stacked nanomembrane lasers on silicon[J]. Nature Photonics, 2012, 6(9): 615-620.

[23] Seo J H, Oh T Y, Park J, et al. A multifunction heterojunction formed between pentacene and a single-crystal silicon nanomembrane[J]. Advanced Functional Materials, 2013, 23(27): 3398-3403.

[24] 曹峻松, 徐儒, 郭伟玲. 第 3 代半导体氮化镓功率器件的发展现状和展望[J]. 新材料产业, 2015(10): 8.

[25] 郑泰山, 阮毅, 王寅飞. 第三代半导体材料 SiC 晶体生长设备技术及进展[J]. 机电工程技术, 2016(3): 4.

[26] Holonyak Jr N, Bevacqua S F. Coherent (visible) light emission from Ga($As_{1-x}P_x$) junctions[J]. Applied Physics Letters, 1962, 1(4): 82-88.

[27] Carbonaro C M, Fiorentini V, Massidda S. Ab initio study of oxygen vacancies in α-quartz[J]. Journal of Non-crystalline Solids, 1997, 221(1): 89-96.

[28] Renwick P, Tang H, Bai J, et al. Reduced longitudinal optical phonon-exciton interaction in InGaN/GaN nanorod structures[J]. Applied Physics Letters, 2012, 100(18): 182105.

[29] Xing K, Gong Y, Bai J, et al. InGaN/GaN quantum well structures with greatly enhanced performance on a-plane GaN grown using self-organized nano-masks[J]. Applied Physics Letters, 2011, 99(18): 181907.

[30] Lee S Y, Park K I, Huh C, et al. Water-resistant flexible GaN LED on a liquid crystal polymer substrate for implantable biomedical applications[J]. Nano Energy, 2012, 1(1): 145-151.

[31] Jung H S, Hong Y J, Li Y, et al. Photocatalysis using GaN nanowires[J]. ACS Nano, 2008, 2(4): 637-642.

[32] Chen D, Han J. High reflectance membrane-based distributed Bragg reflectors for GaN photonics[J]. Applied Physics Letters, 2012, 101(22): 221104.

[33] Deenapanray P N K, Martin A, Jagadish C. Defect engineering in annealed n-type GaAs epilayers using SiO_2/Si_3N_4 stacking layers[J]. Applied Physics Letters, 2001, 79(16): 2561-2563.

[34] Ng H M, Moustakas T D, Chu S N G. High reflectivity and broad bandwidth AlN/GaN distributed Bragg reflectors grown by molecular-beam epitaxy[J]. Applied Physics Letters, 2000, 76(20): 2818-2820.

[35] Waldrip K E, Han J, Figiel J J, et al. Stress engineering during metalorganic chemical vapor deposition of AlGaN/GaN distributed Bragg reflectors[J]. Applied Physics Letters, 2001, 78(21): 3205-3207.

[36] Byrne D, Natali F, Damilano B, et al. Blue resonant cavity light emitting diodes with a high-Al-content GaN/AlGaN distributed Bragg reflector[J]. Japanese Journal of Applied Physics, 2003, 42(12B): L1509.

[37] Nakamura S, Harada Y, Seno M. Novel metalorganic chemical vapor deposition system for GaN growth[J]. Applied Physics Letters, 1991, 58(18): 2021-2023.

[38] Kubota M, Okamoto K, Tanaka T, et al. Continuous-wave operation of blue laser diodes based on nonpolar m-plane gallium nitride[J]. Applied Physics Express, 2007, 1(1): 011102.

[39] Chaudhuri J, Ignatiev C, Stepanov S, et al. High quality GaN layers grown by hydride vapor phase epitaxy—A high resolution X-ray diffractometry and synchrotron X-ray topography study[J]. Materials Science and Engineering: B, 2000, 78(1): 22-27.

[40] Li C, Xu M, Ji Z, et al. Double-W-shaped temperature dependence of emission linewidth in an InGaN/GaN multiple quantum well structure with intense phase separation[J]. Materials Express, 2020, 10(1): 140-144.

[41] Glavin N R, Chabak K D, Heller E R, et al. Flexible gallium nitride for high-performance, strainable radio-frequency devices[J]. Advanced Materials, 2017, 29(47): 1701838.

[42] Wong W S, Sands T, Cheung N W, et al. Fabrication of thin-film InGaN light-emitting diode membranes by laser lift-off[J]. Applied Physics Letters, 1999, 75(10): 1360-1362.

[43] Jia C, Yu T, Lu H, et al. Performance improvement of GaN-based LEDs with step stage InGaN/GaN strain relief layers in GaN-based blue LEDs[J]. Optics Express, 2013, 21(7): 8444-8449.

[44] Jain S C, Willander M, Narayan J, et al. III–nitrides: Growth, characterization, and properties[J]. Journal of Applied Physics, 2000, 87(3): 965-1006.

[45] Wang T, Liu Y H, Lee Y B, et al. Fabrication of high performance of AlGaN/GaN-based UV light-emitting diodes[J]. Journal of Crystal Growth, 2002, 235(1-4): 177-182.

[46] Zhao D G, Xu S J, Xie M H, et al. Stress and its effect on optical properties of GaN epilayers grown on Si(111), 6H-SiC(0001), and c-plane sapphire[J]. Applied Physics Letters, 2003, 83(4): 677-679.

[47] Xu H Y, Jian A Q, Xue C Y, et al. Temperature dependence of biaxial strain and its influence on phonon and band gap of GaN thin film[J]. Chinese Physics B, 2008, 17(6): 2245.

[48] Sheng-Qiang Z, Ming-Fang W, Shu-De Y, et al. Comparative characterization of InGaN/GaN multiple quantum wells by transmission electron microscopy, X-ray diffraction and rutherford backscattering[J]. Chinese Physics Letters, 2005, 22(10): 2700.

[49] Kohn E, Daumiller I, Schmid P, et al. Large signal frequency dispersion of AlGaN/GaN heterostructure field effect transistors[J]. Electronics Letters, 1999, 35(12): 1022-1024.

[50] Coffie R, Buttari D, Heikman S, et al. P-capped GaN-AlGaN-GaN high-electron mobility transistors(HEMTs)[J]. IEEE Electron Device Letters, 2002, 23(10): 588-590.

[51] Green B M, Chu K K, Chumbes E M, et al. The effect of surface passivation on the microwave characteristics of undoped AlGaN/GaN HEMTs[J]. IEEE Electron Device Letters, 2000, 21(6): 268-270.

[52] Wu Y F, Keller B P, Keller S, et al. Measured microwave power performance of AlGaN/GaN MODFET[J]. IEEE Electron Device Letters, 1996, 17(9): 455-457.

[53] Joshkin V A, Roberts J C, McIntosh F G, et al. Optical memory effect in GaN epitaxial films[J]. Applied Physics Letters, 1997, 71(2): 234-236.

[54] Gaska R, Osinsky A, Yang J W, et al. Self-heating in high-power AlGaN-GaN HFETs[J]. IEEE Electron Device Letters, 1998, 19(3): 89-91.

[55] Park J, Shin M W, Lee C C. Thermal modeling and measurement of GaN-based HFET devices[J]. IEEE Electron Device Letters, 2003, 24(7): 424-426.

[56] Cai Y, Zhou Y, Lau K M, et al. Control of threshold voltage of AlGaN/GaN HEMTs by fluoride-based plasma treatment: From depletion mode to enhancement mode[J]. IEEE Transactions on Electron Devices, 2006, 53(9): 2207-2215.

[57] Son J H, Lee J L. Strain engineering for the solution of efficiency droop in InGaN/GaN light-emitting diodes[J]. Optics Express, 2010, 18(6): 5466-5471.

[58] Shih H Y, Chen Y F, Lin T Y. Symmetrically tunable optical properties of InGaN/GaN multiple quantum disks by an external stress[J]. Applied Physics Letters, 2012, 100(17): 171916.

[59] Nakamura S. The roles of structural imperfections in InGaN-based blue light-emitting diodes and laser diodes[J]. Science, 1998, 281(5379): 956-961.

[60] Nanhui N, Huaibing W, Jianping L, et al. Enhanced luminescence of InGaN/GaN multiple quantum wells by strain reduction[J]. Solid-state Electronics, 2007, 51(6): 860-864.

[61] Leem S J, Shin Y C, Kim K C, et al. The effect of the low-mole InGaN structure and InGaN/GaN strained layer superlattices on optical performance of multiple quantum well active layers[J]. Journal of Crystal Growth, 2008, 311(1): 103-106.

[62] Ryou J H, Yoder P D, Liu J, et al. Control of quantum-confined stark effect in InGaN-based quantum wells[J]. IEEE Journal of Selected Topics in Quantum Electronics, 2009, 15(4): 1080-1091.

[63] Grandjean N, Ilegems M. Visible InGaN/GaN quantum-dot materials and devices[J]. Proceedings of the IEEE, 2007, 95(9): 1853-1865.

[64] Ponce F A, Krusor B S, Major Jr J S, et al. Microstructure of GaN epitaxy on SiC using AlN buffer layers[J]. Applied Physics Letters, 1995, 67(3): 410-412.

[65] Jeżowski A, Danilchenko B A, Boćkowski M, et al. Thermal conductivity of GaN crystals in 4.2-300K range[J]. Solid State Communications, 2003, 128(2-3): 69-73.

[66] Storm D F, Hardy M T, Katzer D S, et al. Critical issues for homoepitaxial GaN growth by molecular beam epitaxy on hydride vapor-phase epitaxy-grown GaN substrates[J]. Journal of Crystal Growth, 2016, 456: 121-132.

[67] Lemos V, Silveira E, Leite J R, et al. Evidence for phase-separated quantum dots in cubic InGaN layers from resonant Raman scattering[J]. Physical Review Letters, 2000, 84(16): 3666-3669.

[68] Wang Q, Ji Z, Zhou Y, et al. Diameter-dependent photoluminescence properties of strong phase-separated dual-wavelength InGaN/GaN nanopillar LEDs[J]. Applied Surface Science, 2017, 410: 196-200.

[69] Hou Y, Liang F, Zhao D, et al. Role of hydrogen treatment during the material growth in improving the photoluminescence properties of InGaN/GaN multiple

quantum wells[J]. Journal of Alloys and Compounds, 2021, 874: 159851.

[70] Motoki K M K, Okahisa T O T, Matsumoto N M N, et al. Preparation of large freestanding GaN substrates by hydride vapor phase epitaxy using GaAs as a starting substrate[J]. Japanese Journal of Applied Physics, 2001, 40(2B): L140.

[71] Perlin P, Osiński M, Eliseev P G, et al. Low-temperature study of current and electroluminescence in InGaN/AlGaN/GaN double-heterostructure blue lightemitting diodes[J]. Applied Physics Letters, 1996, 69(12): 1680-1682.

[72] Nakamura S, Senoh M, Nagahama S, et al. InGaN-based multi-quantum-well-structure laser diodes[J]. Japanese Journal of Applied Physics, 1996, 35(1B): L74.

[73] Kelly J J, van Driel A F. The Electrochemistry of Porous Semiconductors[M] //Electrochemistry at the Nanoscale. New York: Springer, 2009: 249-278.

[74] Ke Y, Devaty R P, Choyke W J. Comparative columnar porous etching studies on n-type 6H SiC crystalline faces[J]. Physica Status Solidi, 2008, 245(7): 1396-1403.

[75] Ke Y, Devaty R P, Choyke W J. Self-ordered nanocolumnar pore formation in the photoelectrochemical etching of 6H SiC[J]. Electrochemical and Solid-state Letters, 2007, 10(7): K24.

[76] Yerino C D, Zhang Y, Leung B, et al. Shape transformation of nanoporous GaN by annealing: From buried cavities to nanomembranes[J]. Applied Physics Letters, 2011, 98(25): 251910.

[77] Cao D, Xiao H, Fang J, et al. Photoelectrochemical water splitting on nanoporous GaN thin films for energy conversion under visible light[J]. Materials Research Express, 2017, 4(1): 015019.

[78] Zhang Y, Leung B, Han J. A liftoff process of GaN layers and devices through nanoporous transformation[J]. Applied Physics Letters, 2012, 100(18): 181908.

[79] Jang L W, Jeon D W, Chung T H, et al. Facile fabrication of free-standing light emitting diode by combination of wet chemical etchings[J]. ACS Applied Materials & Interfaces, 2014, 6(2): 985-989.

[80] Cao X A, Arthur S D. High-power and reliable operation of vertical light-emitting diodes on bulk GaN[J]. Applied Physics Letters, 2004, 85(18): 3971-3973.

[81] Park S H, Yuan G, Chen D, et al. Wide bandgap III-nitride nanomembranes for optoelectronic applications[J]. Nano Letters, 2014, 14(8): 4293-4298.

[82] Wang S, Zhang L, Sun C, et al. Gallium nitride crystals: Novel supercapacitor electrode materials[J]. Advanced Materials, 2016, 28(19): 3768-3776.

[83] Ryu S W, Zhang Y, Leung B, et al. Improved photoelectrochemical water splitting efficiency of nanoporous GaN photoanode[J]. Semiconductor Science and Technology, 2011, 27(1): 015014.

[84] Pasayat S S, Gupta C, Acker-James D, et al. Fabrication of relaxed InGaN pseudo-substrates composed of micron-sized pattern arrays with high fill factors using porous GaN[J]. Semiconductor Science and Technology, 2019, 34(11): 115020.

[85] Lin Y G, Hsu Y K, Basilio A M, et al. Photoelectrochemical activity on Ga-polar and N-polar GaN surfaces for energy conversion[J]. Optics Express, 2014, 22(101): A21-A27.

[86] Fujii K, Karasawa T, Ohkawa K. Hydrogen gas generation by splitting aqueous water using n-type GaN photoelectrode with anodic oxidation[J]. Japanese Journal of Applied Physics, 2005, 44(4L): L543.

[87] Kocha S S, Peterson M W, Arent D J, et al. Electrochemical investigation of the gallium nitride-Aqueous electrolyte interface[J]. Journal of The Electrochemical Society, 1995, 142(12): L238.

[88] Fujii K, Ohkawa K. Bias-assisted H_2 gas generation in HCl and KOH solutions using n-type GaN photoelectrode[J]. Journal of The Electrochemical Society, 2006, 153(3): A468.

[89] Kim E, Bae H, Ko Y, et al. Effect of double-layered n-Type GaN on the photoelectrochemical properties in NaOH aqueous solution[J]. Journal of The Electrochemical Society, 2014, 162(1): H19.

[90] Amano H, Sawaki N, Akasaki I, et al. Metalorganic vapor phase epitaxial growth of a high quality GaN film using an AlN buffer layer[J]. Applied Physics Letters, 1986, 48(5): 353-355.

[91] Prychid C J, Rudall P J, Gregory M. Systematics and biology of silica bodies in monocotyledons[J]. The Botanical Review, 2003, 69(4): 377-440.

[92] Zheng L X, Xie M H, Xu S J, et al. Current-induced migration of surface adatoms during GaN growth by molecular beam epitaxy[J]. Journal of Crystal Growth, 2001, 227: 376-380.

[93] Kumagai Y, Murakami H, Seki H, et al. Thick and high-quality GaN growth on GaAs(1 1 1) substrates for preparation of freestanding GaN[J]. Journal of Crystal Growth, 2002, 246(3-4): 215-222.

[94] Nakamura S, Mukai T M T, Senoh M S M. High-power GaN pn junction blue-light-emitting diodes[J]. Japanese Journal of Applied Physics, 1991, 30(12A): L1998.

[95] Nakamura S, Senoh M, Nagahama S, et al. Continuous-wave oper-ation of InGaN multi-quantum-well-structure laser diodes at 233K[J]. Applied Physics Letters, 1996, 69(20): 3034-3036.

[96] Xiao H D, Liu J Q, Luan C N, et al. Structure and growth mechanism of quasi-aligned GaN layer-built nanotowers[J]. Applied Physics Letters, 2012, 100(21): 213101.

[97] Chung K, Lee C H, Yi G C. Transferable GaN layers grown on ZnO-coated graphene layers for optoelectronic devices[J]. Science, 2010, 330(6004): 655-657.

[98] Nakamura S, Senoh M, Nagahama A, et al. Continuous-wave operation of InGaN/GaN/AlGaN-based laser diodes grown on GaN substrates[J]. Applied Physics Letters, 1998, 72: 2014-2016.

[99] Zhang Y, Sun Q, Leung B, et al. The fabrication of large-area, free-standing GaN by a novel nanoetching process[J]. Nanotechnology, 2010, 22(4): 045603.

[100] Chen D, Xiao H, Han J. Nanopores in GaN by electrochemical anodization in hydrofluoric acid: Formation and mechanism[J]. Journal of Applied Physics, 2012, 112(6): 064303.

[101] Ohkawa K, Ohara W, Uchida D, et al. Highly stable GaN photocatalyst for producing H_2 gas from water[J]. Japanese Journal of Applied Physics, 2013, 52(8S): 08JH04.

[102] Santinacci L, Gonçalves A M, Simon N, et al. Electrochemical and optical characterizations of anodic porous n-InP(1 0 0) layers[J]. Electrochimica Acta, 2010, 56(2): 878-888.

[103] Singh S, Buchanan R C. SiC-C fiber electrode for biological sensing[J]. Materials Science and Engineering: C, 2007, 27(3): 551-557.

[104] Safavi A, Hemmateenejad B, Honarasa F. Chemometrics assisted resolving of net faradaic current contribution from total current in potential step and staircase

cyclic voltammetry[J]. Analytica Chimica Acta, 2013, 766: 34-46.

[105] Ferré R T. Bioanalytical Chemistry (nucleic acids and proteins) and Analytical Chemistry[J]. Talanta, 2005, 65: 358-366.

[106] Hemmateenejad B, Safavi A, Honarasa F. Electrochemical study of weak inclusion complex interactions by simultaneous MCR-ALS analyses of potential step-chronoamperometric data matrices[J]. Analytical Methods, 2012, 4(6): 1776-1782.

[107] Koshizaki N, Narazaki A, Sasaki T. Preparation of nanocrystalline titania films by pulsed laser deposition at room temperature[J]. Applied Surface Science, 2002, 197: 624-627.

[108] Schmuki P, Erickson L E, Lockwood D J, et al. Predefined initiation of porous GaAs using focused ion beam surface sensitization[J]. Journal of the Electrochemical Society, 1999, 146(2): 735.

[109] Tiginyanu I M, Schwab C, Grob J J, et al. Ion implantation as a tool for controlling the morphology of porous gallium phosphide[J]. Applied Physics Letters, 1997, 71(26): 3829-3831.

[110] Stocker D A, Schubert E F, Redwing J M. Crystallographic wet chemical etching of GaN[J]. Applied Physics Letters, 1998, 73(18): 2654-2656.

[111] Mogoda A S, Ahmad Y H, Badawy W A. Characterization of stain etched p-type silicon in aqueous HF solutions containing HNO_3 or $KMnO_4$[J]. Materials Chemistry and Physics, 2011, 126(3): 676-684.

[112] Cheng X F, Leng W H, Liu D P, et al. Electrochemical preparation and characterization of surface-fluorinated TiO_2 nanoporous film and its enhanced photoelectrochemical and photocatalytic properties[J]. The Journal of Physical Chemistry C, 2008, 112(23): 8725-8734.

[113] Parthasarathy M, Ramgir N S, Sathe B R, et al. Surface-state-mediated electron transfer at nanostructured ZnO multipod/electrolyte interfaces[J]. The Journal of Physical Chemistry C, 2007, 111(35): 13092-13102.

[114] Peter L M, Riley D J, Wielgosz R I. In situ monitoring of internal surface area during the growth of porous silicon[J]. Applied Physics Letters, 1995, 66(18): 2355-2357.

[115] Lindström H, Södergren S, Solbrand A, et al. Li^+ ion insertion in TiO_2 (anatase). 1. Chronoamperometry on CVD films and nanoporous films[J]. The Journal of

Physical Chemistry B, 1997, 101(39): 7710-7716.

[116] Tseng W J, Van Dorp D H, Lieten R R, et al. Anodic etching of n-GaN epilayer into porous GaN and its photoelectrochemical properties[J]. The Journal of Physical Chemistry C, 2014, 118(51): 29492-29498.

[117] Beale M I J, Benjamin J D, Uren M J, et al. An experimental and theoretical study of the formation and microstructure of porous silicon[J]. Journal of Crystal Growth, 1985, 73(3): 622-636.

[118] Zhang X G. Morphology and formation mechanisms of porous silicon[J]. Journal of the Electrochemical Society, 2003, 151(1): C69.

[119] Zhang X G, Collins S D, Smith R L. Porous silicon formation and electropolishing of silicon by anodic polarization in HF solution[J]. Journal of the Electrochemical Society, 1989, 136(5): 1561.

[120] Foll H, Langa S, Carstensen J, et al. Pores in III-V semiconductors[J]. ChemInform, 2003, 34(3):183-198.

[121] Carli R, Bianchi C L. XPS analysis of gallium oxides[J]. Applied Surface Science, 1994, 74(1): 99-102.

[122] Zinkevich M, Aldinger F. Thermodynamic assessment of the gallium-oxygen system[J]. Journal of the American Ceramic Society, 2004, 87(4): 683-691.

[123] Lee S, Noh J H, Han H S, et al. Nb-doped TiO_2: A new compact layer material for TiO_2 dye-sensitized solar cells[J]. The Journal of Physical Chemistry C, 2009, 113(16): 6878-6882.

[124] Hartono H, Soh C B, Chow S Y, et al. Reduction of threading dislocation density in GaN grown on strain relaxed nanoporous GaN template[J]. Applied Physics Letters, 2007, 90(17): 171917.

[125] Parkhutik V P, Shershulsky V I. Theoretical modelling of porous oxide growth on aluminium[J]. Journal of Physics D: Applied Physics, 1992, 25(8): 1258.

[126] Shafa M, Aravindh S A, Hedhili M N, et al. Improved H_2 detection performance of GaN sensor with Pt/Sulfide treatment of porous active layer prepared by metal electroless etching[J]. International Journal of Hydrogen Energy, 2021, 46(5): 4614-4625.

[127] Xiao H, Pei H, Liu J, et al. Fabrication, characterization, and photocatalysis of GaN-Ga_2O_3 core-shell nanoparticles[J]. Materials Letters, 2012, 71: 145-147.

[128] Nakamura S, Pearton S, Fasol G. The Blue Laser Diode: The Complete Story[M]. Berlin: Springer, 2000.

[129] Yamada S, Omori M, Sakurai H, et al. Reduction of plasma-induced damage in n-type GaN by multistep-bias etching in inductively coupled plasma reactive ion etching[J]. Applied Physics Express, 2019, 13(1): 016505.

[130] Matsumoto S, Toguchi M, Takeda K, et al. Effects of a photo-assisted electrochemical etching process removing dry-etching damage in GaN[J]. Japanese Journal of Applied Physics, 2018, 57(12): 121001.

[131] Zhang L, Deng H. Highly efficient and damage-free polishing of GaN(0001) by electrochemical etching-enhanced CMP process[J]. Applied Surface Science, 2020, 514: 145957.

[132] Han Y, Qiang L, Gao Y, et al. Large-area surface-enhanced Raman spectroscopy substrate by hybrid porous GaN with Au/Ag for breast cancer miRNA detection[J]. Applied Surface Science, 2021, 541: 148456.

[133] Vajpeyi A P, Chua S J, Tripathy S, et al. High optical quality nanoporous GaN prepared by photoelectrochemical etching[J]. Electrochemical and Solid-State Letters, 2005, 8(4): G85.

[134] Akimov A V, Muckerman J T, Prezhdo O V. Nonadiabatic dynamics of positive charge during photocatalytic water splitting on GaN(10-10) surface: Charge localization governs splitting efficiency[J]. Journal of the American Chemical Society, 2013, 135(23): 8682-8691.

[135] Xu H, Xiao H, Pei H, et al. Photodegradation activity and stability of porous silicon wafers with (1 0 0) and (1 1 1) oriented crystal planes[J]. Microporous and Mesoporous Materials, 2015, 204: 251-256.

[136] Wang J, Li R, Zhang Z, et al. Efficient photocatalytic degradation of organic dyes over titanium dioxide coating upconversion luminescence agent under visible and sunlight irradiation[J]. Applied Catalysis A: General, 2008, 334(1-2): 227-233.

[137] Tischler M A, Collins R T, Stathis J H, et al. Luminescence degradation in porous silicon[J]. Applied Physics Letters, 1992, 60(5): 639-641.

[138] Han J, Ng T B, Biefeld R M, et al. The effect of H_2 on morphology evolution during GaN metalorganic chemical vapor deposition[J]. Applied Physics Letters, 1997, 71(21): 3114-3116.

[139] Fiuczek N, Sawicka M, Feduniewicz-Żmuda A, et al. Electrochemical etching of p-type GaN using a tunnel junction for efficient hole injection[J]. Acta Materialia, 2022, 234: 118018.

[140] Schwab M J, Chen D, Han J, et al. Aligned mesopore arrays in GaN by anodic etching and photoelectrochemical surface etching[J]. The Journal of Physical Chemistry C, 2013, 117(33): 16890-16895.

[141] Varadhan P, Fu H C, Priante D, et al. Surface passivation of GaN nanowires for enhanced photoelectrochemical water-splitting[J]. Nano Letters, 2017, 17(3): 1520-1528.

[142] Feenstra R M, Wood C E C. Porous Silicon Carbide and Gallium Nitride: Epitaxy, Catalysis, and Biotechnology Applications[M]. New York: John Wiley & Sons, 2008.

[143] Hara K O, Usami N. Theory of open-circuit voltage and the driving force of charge separation in pn-junction solar cells[J]. Journal of Applied Physics, 2013, 114(15): 153101.

[144] Ebaid M, Kang J H, Ryu S W. Controllable synthesis of vapor-liquid-solid grown GaN nanowires for photoelectrochemical water splitting applications[J]. Journal of the Electrochemical Society, 2015, 162(4): H264.

[145] Benton J, Bai J, Wang T. Utilisation of GaN and InGaN/GaN with nanoporous structures for water splitting[J]. Applied Physics Letters, 2014, 105(22): 223902.

[146] Benton J, Bai J, Wang T. Enhancement in solar hydrogen generation efficiency using a GaN-based nanorod structure[J]. Applied Physics Letters, 2013, 102(17): 173905.

[147] Wolcott A, Smith W A, Kuykendall T R, et al. Photoelectrochemical water splitting using dense and aligned TiO_2 nanorod arrays[J]. Small, 2009, 5(1): 104-111.

[148] Xiao H, Cui J, Cao D, et al. Self-standing nanoporous GaN membranes fabricated by UV-assisted electrochemical anodization[J]. Materials Letters, 2015, 145: 304-307.

[149] Ono M, Fujii K, Ito T, et al. Photoelectrochemical reaction and H_2 generation at zero bias optimized by carrier concentration of n-type GaN[J]. The Journal of Chemical Physics, 2007, 126(5): 054708.

[150] Lisenkov A D, Poznyak S K, Montemor M F, et al. Titania films obtained by powerful pulsed discharge oxidation in phosphoric acid electrolytes[J]. Journal of the Electrochemical Society, 2013, 161(1): D73.

[151] Poznyak S K, Lisenkov A D, Ferreira M G S, et al. Impedance behaviour of anodic TiO_2 films prepared by galvanostatic anodisation and powerful pulsed discharge in electrolyte[J]. Electrochimica Acta, 2012, 76: 453-461.

[152] Huygens I M, Theuwis A, Gomes W P, et al. Photoelectrochemical reactions at the n-GaN electrode in 1M H_2SO_4 and in acidic solutions containing Cl^- ions[J]. Physical Chemistry Chemical Physics, 2002, 4(11):2301-2306.

[153] Cao D, Guan T, Wang B, et al. Preparation and photoluminescence of self-standing nanoporous InGaN/GaN MQWs via UV-assisted electrochemical etching[J]. Microporous and Mesoporous Materials, 2021, 315: 110907.

[154] Cao X A, Lu H, LeBoeuf S F, et al. Growth and characterization of GaN PiN rectifiers on free-standing GaN[J]. Applied Physics Letters, 2005, 87(5): 053503.

[155] Cao X A, Stokes E B, Sandvik P M, et al. Diffusion and tunneling currents in GaN/InGaN multiple quantum well light-emitting diodes[J]. IEEE Electron Device Letters, 2002, 23(9): 535-537.

[156] Husberg O, Khartchenko A, As D J, et al. Photoluminescence from quantum dots in cubic GaN/InGaN/GaN double heterostructures[J]. Applied Physics Letters, 2001, 79(9): 1243-1245.

[157] Wang Q, Gao X, Xu Y, et al. Carrier localization in strong phase-separated InGaN/GaN multiple-quantum-well dual-wavelength LEDs[J]. Journal of Alloys and Compounds, 2017, 726: 460-465.

[158] Yang C, Xi X, Yu Z, et al. Light modulation and water splitting enhancement using a composite porous GaN structure[J]. ACS Applied Materials & Interfaces, 2018, 10(6): 5492-5497.

[159] Kokubo N, Tsunooka Y, Fujie F, et al. Nondestructive visualization of threading dislocations in GaN by micro raman mapping[J]. Japanese Journal of Applied Physics, 2019, 58(SC): SCCB06.

[160] Dadgar A, Poschenrieder M, Reiher A, et al. Reduction of stress at the initial stages of GaN growth on Si(111)[J]. Applied Physics Letters, 2003, 82(1): 28-30.

[161] Wang Q, Zhu C, Zhou Y, et al. Fabrication and photoluminescence of strong

phase-separated InGaN based nanopillar LEDs[J]. Superlattices and Microstructures, 2015, 88: 323-329.

[162] Dong Y, Feenstra R M, Northrup J E. Oxidized GaN(0001) surfaces studied by scanning tunneling microscopy and spectroscopy and by first-principles theory[J]. Journal of Vacuum Science & Technology B: Microelectronics and Nanometer Structures, 2006, 24(4): 2080-2086.

[163] Shih C F, Chen N C, Chang P H, et al. Band offsets of InN/GaN interface[J]. Japanese Journal of Applied Physics, 2005, 44(11R): 7892.

[164] Chu C F, Lai F I, Chu J T, et al. Study of GaN light-emitting diodes fabricated by laser lift-off technique[J]. Journal of Applied Physics, 2004, 95(8): 3916-3922.

[165] Gao Q, Liu R, Xiao H, et al. Anodic etching of GaN based film with a strong phase-separated InGaN/GaN layer: Mechanism and properties[J]. Applied Surface Science, 2016, 387: 406-411.

[166] Buckley D N, Lynch R P, Quill N, et al. Propagation of nanopores and formation of nanoporous domains during anodization of n-InP in KOH[J]. ECS Transactions, 2015, 69(14): 17.

[167] Meyer T, Petit-Etienne C, Pargon E. Influence of the carrier wafer during GaN etching in Cl_2 plasma[J]. Journal of Vacuum Science & Technology A: Vacuum, Surfaces, and Films, 2022, 40(2): 023202.

[168] Wang C Y, Chen L Y, Chen C P, et al. GaN nanorod light emitting diode arrays with a nearly constant electroluminescent peak wavelength[J]. Optics Express, 2008, 16(14): 10549-10556.

[169] Cui J, Xiao H, Cao D, et al. Porosity-induced relaxation of strains at different depth of nanoporous GaN studied using the Z-scan of Raman spectroscopy[J]. Journal of Alloys and Compounds, 2015, 626: 154-157.

[170] Frentrup M, Hatui N, Wernicke T, et al. Determination of lattice parameters, strain state and composition in semipolar III-nitrides using high resolution X-ray diffraction[J]. Journal of Applied Physics, 2013, 114(21): 213509.

[171] Rinke P, Winkelnkemper M, Qteish A, et al. Consistent set of band parameters for the group-III nitrides AlN, GaN, and InN[J]. Physical Review B, 2008, 77(7): 075202.

[172] Cho H K, Kim S K, Bae D K, et al. Laser liftoff GaN thin-film photonic crystal

GaN-based light-emitting diodes[J]. IEEE Photonics Technology Letters, 2008, 20(24): 2096-2098.

[173] Kang J H, Ebaid M, Lee J K, et al. Fabrication of vertical light emitting diode based on thermal deformation of nanoporous GaN and removable mechanical supporter[J]. ACS Applied Materials & Interfaces, 2014, 6(11): 8683-8687.

[174] Tautz M, Diaz Diaz D. Wet-chemical etching of GaN: Underlying mechanism of a key step in blue and white LED production[J]. Chemistry Select, 2018, 3(5): 1480-1494.

[175] Sakai A, Sunakawa H, Kimura A, Usui A, et al. Self-organized propagation of dislocations in GaN films during epitaxial lateral overgrowth[J]. Applied Physics Letters, 2000, 76(4): 442.

[176] Chen S, Nurmikko A. Stable green perovskite vertical-cavity surface-emitting lasers on rigid and flexible substrates[J]. ACS Photonics, 2017, 4(10): 2486-2494.

[177] Sun C K, Chiu T L, Keller S, et al. Time-resolved photoluminescence studies of InGaN/GaN single-quantum-wells at room temperature[J]. Applied Physics Letters, 1997, 71(4): 425-427.

[178] David A, Grundmann M J. Influence of polarization fields on carrier lifetime and recombination rates in InGaN-based light-emitting diodes[J]. Applied Physics Letters, 2010, 97(3): 033501.

[179] Shiu G Y, Chen K T, Fan F H, et al. InGaN light-emitting diodes with an embedded nanoporous GaN distributed bragg reflectors[J]. Scientific Reports, 2016, 6(1): 1-8.

[180] Wang G J, Hong B S, Chen Y Y, et al. GaN/AlGaN ultraviolet light-emitting diode with an embedded porous-AlGaN distributed Bragg reflector[J]. Applied Physics Express, 2017, 10(12): 122102.

[181] Wang W J, Yang G F, Chen P, et al. Characteristics of nanoporous InGaN/GaN multiple quantum wells[J]. Superlattices and Microstructures, 2014, 71: 38-45.

[182] Hsu W J, Chen K T, Huang W C, et al. InGaN light emitting diodes with a nanopipe layer formed from the GaN epitaxial layer[J]. Optics Express, 2016, 24(11): 11601-11610.

[183] Lee K J, Lee J, Hwang H, et al. A printable form of single-crystalline gallium nitride for flexible optoelectronic systems[J]. Small, 2005, 1(12): 1164-1168.

[184] Lai Y L, Liu C P, Lin Y H, et al. Origins of efficient green light emission in phase-separated InGaN quantum wells[J]. Nanotechnology, 2006, 17(15): 3734.

[185] Zhang C, ElAfandy R, Han J. Distributed Bragg reflectors for GaN-based vertical-cavity surface-emitting lasers[J]. Applied Sciences, 2019, 9(8): 1593.

[186] Cao D, Xiao H, Xu H, et al. Enhancing the photocatalytic activity of GaN by electrochemical etching[J]. Materials Research Bulletin, 2015, 70: 881-886.

[187] AlOtaibi B, Harati M, Fan S, et al. High efficiency photoelectrochemical water splitting and hydrogen generation using GaN nanowire photoelectrode[J]. Nanotechnology, 2013, 24(17): 175401.

[188] Son H, Uthirakumar P, Polyakov A Y, et al. Impact of porosity on the structural and optoelectronic properties of nanoporous GaN double layer fabricated via combined electrochemical and photoelectrochemical etching[J]. Applied Surface Science, 2022, 592: 153248.

[189] Lu T C, Kao C C, Kuo H C, et al. CW lasing of current injection blue GaN-based vertical cavity surface emitting laser[J]. Applied Physics Letters, 2008, 92(14): 141102.

[190] Cao D, Liu R, Xiao H, et al. Photoluminescence properties of etched GaN-based LEDs via UV-assisted electrochemical etching[J]. Materials Letters, 2017, 209: 555-557.

[191] Cao D, Xiao H, Gao Q, et al. Fabrication and improved photoelectrochemical properties of a transferred GaN-based thin film with InGaN/GaN layers[J]. Nanoscale, 2017, 9(32): 11504-11510.

[192] Gao Q, Xiao H, Cao D, et al. Fabrication and properties of self-standing GaN-based film with a strong phase-separated InGaN/GaN layer in neutral electrolyte[J]. Journal of Alloys and Compounds, 2017, 722: 767-771.

[193] Cao X A, Teetsov J M, Develyn M P, et al. Electrical characteristics of InGaN/GaN light-emitting diodes grown on GaN and sapphire substrates[J]. Applied Physics Letters, 2004, 85(1): 7-9.

[194] Wang C J, Ke Y, Shiu G Y, et al. InGaN resonant-cavity light-emitting diodes with porous and dielectric reflectors[J]. Applied Sciences, 2020, 11(1): 8.

[195] Oliver R A, Jarjour A F, Taylor R A, et al. Growth and assessment of InGaN quantum dots in a microcavity: A blue single photon source[J]. Materials Science

and Engineering: B, 2008, 147(2-3): 108-113.

[196] Zhu T, Liu Y, Ding T, et al. Wafer-scale fabrication of non-polar mesoporous GaN distributed Bragg reflectors via electrochemical porosification[J]. Scientific Reports, 2017, 7(1): 1-8.

[197] Ivanov R, Marcinkevičius S, Uždavinys T K, et al. Scanning near-field microscopy of carrier lifetimes in m-plane InGaN quantum wells[J]. Applied Physics Letters, 2017, 110(3): 031109.

[198] Pinaud B, Benck J, Seitz L, et al. Technical and economic feasibility of centralized facilities for solar hydrogen production via photocatalysis and photoelectrochemistry[J]. Energy Environment Science, 6, 2013: 1983-2002.

[199] Lewis N S. An integrated, systems approach to the development of solar fuel generators[J]. The Electrochemical Society Interface, 2013, 22(2): 43.

[200] Hu S, Shaner M R, Beardslee J A, et al. Amorphous TiO_2 coatings stabilize Si, GaAs, and GaP photoanodes for efficient water oxidation[J]. Science, 2014, 344(6187): 1005-1009.

[201] Holladay J D, Hu J, King D L, et al. An overview of hydrogen production [J]. Catalysis Today, 2009, 139: 244.

[202] Minggu L J, Daud W R W, Kassim M B. An overview of photocells and photoreactors for photoelectrochemical water splitting[J]. International Journal of Hydrogen Energy, 2010, 35(11): 5233-5244.

[203] Lee J G, Kim D Y, Park J J, et al. Graphene–titania hybrid photoanodes by supersonic kinetic spraying for solar water splitting[J]. Journal of the American Ceramic Society, 2014, 97(11): 3660-3668.

[204] Wang D, Pierre A, Kibria M G, et al. Wafer-level photocatalytic water splitting on GaN nanowire arrays grown by molecular beam epitaxy[J]. Nano Letters, 2011, 11(6): 2353-2357.

[205] Liu S Y, Sheu J K, Lin Y C, et al. Mn-doped GaN as photoelectrodes for the photoelectrolysis of water under visible light[J]. Optics Express, 2012, 20(105): A678-A683.

[206] Bak T, Nowotny J, Rekas M, et al. Photo-electrochemical hydrogen generation from water using solar energy. Materials-related aspects[J]. International Journal of Hydrogen Energy, 2002, 27(10): 991-1022.

[207] Beach J D, Collins R T, Turner J A. Band-edge potentials of n-type and p-type GaN[J]. Journal of the Electrochemical Society, 2003, 150(7): A899.

[208] AlOtaibi B, Fan S, Vanka S, et al. A metal-nitride nanowire dual-photoelectrode device for unassisted solar-to-hydrogen conversion under parallel illumination[J]. Nano Letters, 2015, 15(10): 6821-6828.

[209] Tao T, Zhi T, Liu B, et al. Significant improvements in InGaN/GaN nano-photoelectrodes for hydrogen generation by structure and polarization optimization[J]. Scientific Reports, 2016, 6(1): 1-8.

[210] Ebaid M, Kang J H, Lim S H, et al. Enhanced solar hydrogen generation of high density, high aspect ratio, coaxial InGaN/GaN multi-quantum well nanowires[J]. Nano Energy, 2015, 12: 215-223.

[211] Fujii K, Nakamura S, Yokojima S, et al. Photoelectrochemical properties of $In_xGa_{1-x}N$/GaN multiquantum well structures in depletion layers[J]. The Journal of Physical Chemistry C, 2011, 115(50): 25165-25169.

[212] Zhao C, Yang X, Shen L, et al. Fabrication and properties of wafer-scale nanoporous GaN distributed Bragg reflectors with strong phase-separated InGaN/GaN layers[J]. Journal of Alloys and Compounds, 2019, 789: 658-663.

[213] Zhou R, Ikeda M, Zhang F, et al. Total-InGaN-thickness dependent Shockley-Read-Hall recombination lifetime in InGaN quantum wells[J]. Journal of Applied Physics, 2020, 127(1): 013103.

[214] Bae H, Park J B, Fujii K, et al. The effect of the number of InGaN/GaN pairs on the photoelectrochemical properties of InGaN/GaN multi quantum wells[J]. Applied Surface Science, 2017, 401: 348-352.

[215] Cao D, Zhao C, Yang X, et al. Fabrication and improved properties of InGaN-based LED with multilayer GaN/nanocavity structure[J]. Journal of Alloys and Compounds, 2019, 806: 487-491.

[216] Dong J, Chen L, Yang Y, et al. Piezotronic effect in AlGaN/AlN/GaN heterojunction nanowires used as a flexible strain sensor[J]. Beilstein Journal of Nanotechnology, 2020, 11(1): 1847-1853.

[217] Jiang J, Dong J, Wang B, et al. Epitaxtial lift-off for freestanding InGaN/GaN membranes and vertical blue light-emitting-diodes[J]. Journal of Materials Chemistry C, 2020, 8(24): 8284-8289.

[218] Tian W, Li J. Size-dependent optical-electrical characteristics of blue GaN/InGaN micro-light-emitting diodes[J]. Applied Optics, 2020, 59(29): 9225-9232.

[219] Rahman M, Islam K R, Islam M R, et al. A Critical Review on the Sensing, Control, and Manipulation of Single Molecules on Optofluidic Devices[J]. Micromachines, 2022, 13(6): 968.

[220] Zhang H, Ebaid M, Tan J, et al. Improved solar hydrogen production by engineered doping of InGaN/GaN axial heterojunctions[J]. Optics Express, 2019, 27(4): A81-A91.

[221] Moram M A, Vickers M E. X-ray diffraction of III-nitrides[J]. Reports on Progress in Physics, 2009, 72(3): 036502.

[222] Goano M, Bellotti E, Ghillino E, et al. Band structure nonlocal pseudopotential calculation of the III-nitride wurtzite phase materials system. Part II. Ternary alloys $Al_xGa_{1-x}N$, $In_xGa_{1-x}N$, and $In_xAl_{1-x}N$[J]. Journal of Applied Physics, 2000, 88(11): 6476-6482.

[223] Cheung Y F, Li K H, Choi H W. Flexible free-standing III-nitride thin films for emitters and displays[J]. ACS Applied Materials & Interfaces, 2016, 8(33): 21440-21445.

[224] Jia Y, Ning J, Zhang J, et al. Transferable GaN enabled by selective nucleation of AlN on graphene for high-brightness violet light-emitting diodes[J]. Advanced Optical Materials, 2020, 8(2): 1901632.

[225] Joy J, Mathew J, George S C. Nanomaterials for photoelectrochemical water splitting-review[J]. International Journal of Hydrogen Energy, 2018, 43(10): 4804-4817.

[226] Venkatesh P S, Paulraj G, Dharmaraj P, et al. Catalyst-assisted growth of InGaN NWs for photoelectrochemical water-splitting applications[J]. Lonics, 2020, 26: 3465-3472.

[227] Li Y, Liu Z, Li J, et al. An effective strategy of constructing a multi-junction structure by integrating a heterojunction and a homojunction to promote the charge separation and transfer efficiency of WO_3[J]. Journal of Materials Chemistry A, 2020, 8(13): 6256-6267.

[228] Chen D, Liu Z, Zhang S. Enhanced PEC performance of hematite photoanode coupled with bimetallic oxyhydroxide NiFeOOH through a simple electroless

method[J]. Applied Catalysis B: Environmental, 2020, 265: 118580.

[229] Wang Y, Zhang J, Balogun M S, et al. Oxygen vacancy-based metal oxides photoanodes in photoelectrochemical water splitting[J]. Materials Today Sustainability, 2022, 18: 100118.

[230] Wang Y Y, Chen Y X, Barakat T, et al. Recent advances in non-metal doped titania for solar-driven photocatalytic/photoelectrochemical water-splitting[J]. Journal of Energy Chemistry, 2022, 66: 529-559.

[231] Nishiyama H, Yamada T, Nakabayashi M, et al. Photocatalytic solar hydrogen production from water on a 100-m^2 scale[J], Nature, 2021, 598: 304-307.

[232] Tu W H, Hsu Y K, Yen C H, et al. Au nanoparticle modified GaN photoelectrode for photoelectrochemical hydrogen generation[J]. Electrochemistry Communications, 2011, 13(6): 530-533.

[233] Lin J, Wang W, Li G. Modulating surface/interface structure of emerging InGaN nanowires for efficient photoelectrochemical water splitting[J]. Advanced Functional Materials, 2020, 30(52): 2005677.

[234] Chen H, Wang P, Wang X, et al. 3D InGaN nanowire arrays on oblique pyramid-textured Si (311) for light trapping and solar water splitting enhancement[J]. Nano Energy, 2021, 83: 105768.

[235] Gopalakrishnan M, Gopalakrishnan S, Bhalerao G M, et al. Multiband InGaN nanowires with enhanced visible photon absorption for efficient photoelectrochemical water splitting[J]. Journal of Power Sources, 2017, 337: 130-136.

[236] Zhou P, Navid I A, Ma Y, et al. Solar-to-hydrogen efficiency of more than 9% in photocatalytic water splitting[J]. Nature, 2023, 613: 66-70.

[237] Cao D, Yang X, Shen L, et al. Fabrication and properties of high quality InGaN-based LEDs with highly reflective nanoporous GaN mirrors[J]. Photonics Research, 2018, 6(12): 1144-1150.

[238] Cao D, Xiao H, Mao H, et al. Electrochemical characteristics of n-type GaN in oxalic acid solution under the pre-breakdown condition[J]. Journal of Alloys and Compounds, 2015, 652: 200-204.

[239] Han N, Liu P, Jiang J, et al. Recent advances in nanostructured metal nitrides for water splitting[J]. The Journal of Physical Chemistry A, 2018, 6: 19912-19933.

[240] Schwab M J, Han J, Pfefferle L D. Neutral anodic etching of GaN for vertical or

crystallographic alignment[J]. Applied Physics Letters, 2015, 106(24): 241603.

[241] Yang X, Xiao H, Cao D, et al. Fabrication, annealing, and regrowth of wafer-scale nanoporous GaN distributed Bragg reflectors[J]. Scripta Materialia, 2018, 156: 10-13.

[242] Wang S, Zhang L, Sun C, et al. Gallium nitride crystals: novel supercapacitor electrode materials[J]. Advanced Materials, 2016, 28(19): 3768-3776.

[243] Sato H, Naoi Y, Sakai S, et al. X-Ray Diffraction Analysis of GaN and GaN/InGaN/GaN Double-Hetero Structures Grown on Sapphire Substrate by Metalorganic Chemical Vapor Deposition[J]. Japanese Journal of Applied Physics, 1997, 36: 2018.

[244] Zeng Y, Ning J, Zhang J, et al. Raman analysis of E_2(high) and A_1(LO) phonon to the stress-free GaN grown on sputtered AlN/graphene buffer layer[J]. Applied Sciences, 2020, 10(24): 8814.

[245] Lyu S C, Cha O H, Suh E K, et al. Catalytic synthesis and photoluminescence of gallium nitride nanowires[J]. Chemical Physics Letters, 2003, 367(1-2): 136-140.

[246] Katsikini M, Papagelis K, Paloura E C, et al. Raman study of Mg, Si, O, and N implanted GaN[J]. Journal of Applied Physics, 2003, 94(7): 4389-4394.

[247] Wang S, Sun C, Shao Y, et al. Self-Supporting GaN Nanowires/Graphite Paper: Novel High-Performance Flexible Supercapacitor Electrodes[J]. Small, 2017, 13(8): 1603330.

[248] Wei B, Han Y, Wang Y, et al. Tunable nanostructured distributed Bragg reflectors for III-nitride optoelectronic applications[J]. RSC Advances, 2020, 10(39): 23341-23349.

[249] Shiu G Y, Chen K T, Fan F H, et al. InGaN light-emitting diodes with an embedded nanoporous GaN distributed Bragg reflectors[J]. Scientific Reports, 2016, 6(1): 1-8.

[250] Chen Y, Jiang D, Gong Z, et al. Anodized metal oxide nanostructures for photoelectrochemical water splitting[J]. International Journal of Minerals, Metallurgy and Materials, 2020, 27: 584-601.

[251] Ebaid M, Min J W, Zhao C, et al. Water splitting to hydrogen over epitaxially grown InGaN nanowires on a metallic titanium/silicon template: reduced interfacial transfer resistance and improved stability to hydrogen[J]. Journal of

Materials Chemistry A, 2018, 6: 6922-6930.

[252] Lin J, Zhang Z, Chai J, et al. Highly Efficient InGaN Nanorods Photoelectrode by Constructing Z-scheme Charge Transfer System for Unbiased Water Splitting[J]. Small, 2021, 17: 2006666.

[253] Song H, Luo S, Huang H, et al. Solar-Driven Hydrogen Production: Recent Advances, Challenges, and Future Perspectives[J]. ACS Energy Letter, 2022, 7: 1043-1065.

编 后 记

“博士后文库”是汇集自然科学领域博士后研究人员优秀学术成果的系列丛书。“博士后文库”致力于打造专属于博士后学术创新的旗舰品牌，营造博士后百花齐放的学术氛围，提升博士后优秀成果的学术影响力和社会影响力。

“博士后文库”出版资助工作开展以来，得到了全国博士后管委会办公室、中国博士后科学基金会、中国科学院、科学出版社等有关单位领导的大力支持，众多热心博士后事业的专家学者给予积极的建议，工作人员做了大量艰苦细致的工作。在此，我们一并表示感谢！

“博士后文库”编委会

彩　　图

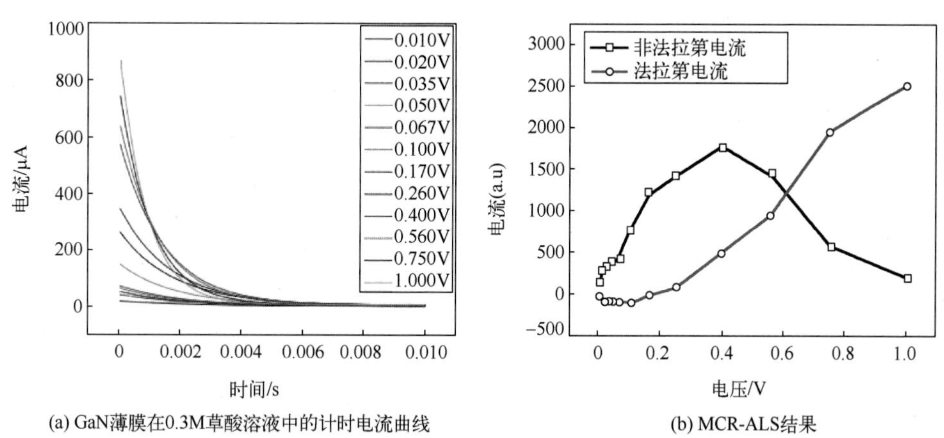

(a) GaN薄膜在0.3M草酸溶液中的计时电流曲线　　(b) MCR-ALS结果

图 3-3　GaN 薄膜的计时电流特性曲线和伏安图

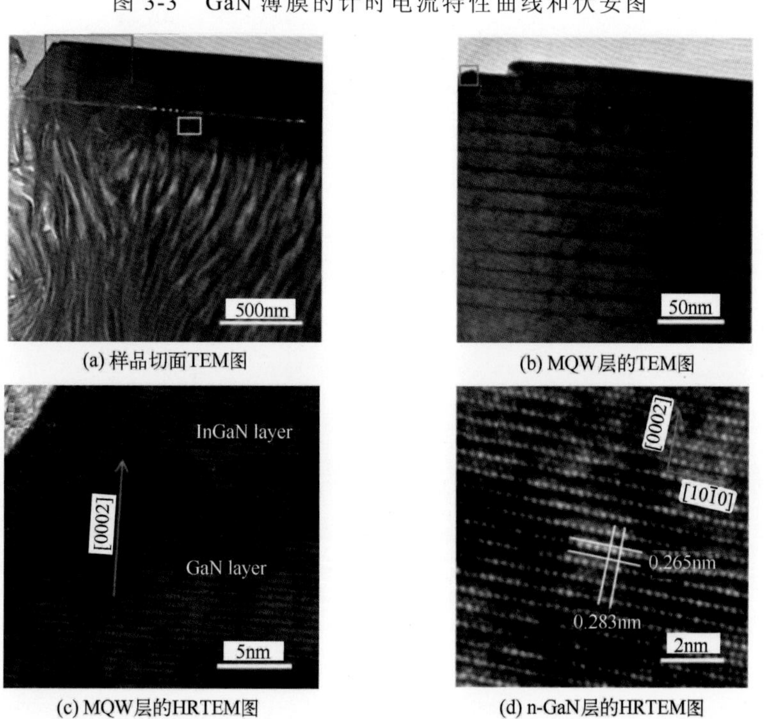

(a) 样品切面TEM图　　(b) MQW层的TEM图

(c) MQW层的HRTEM图　　(d) n-GaN层的HRTEM图

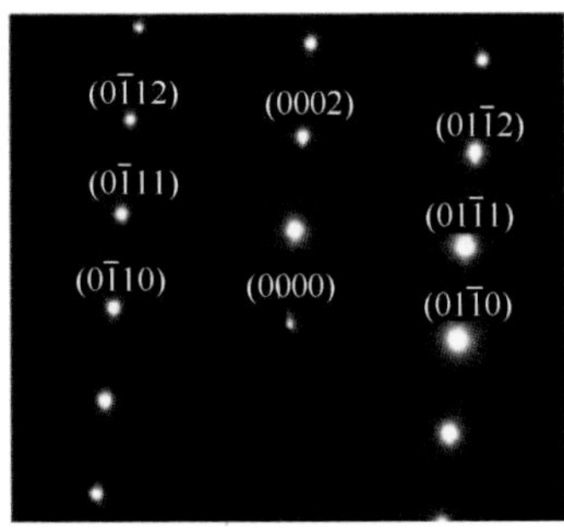

(e) n-GaN层的SAED图

图 6-3 纳米多孔 GaN 基 MQW 薄膜的 TEM 图和 HRTEM 图及 SAED 图

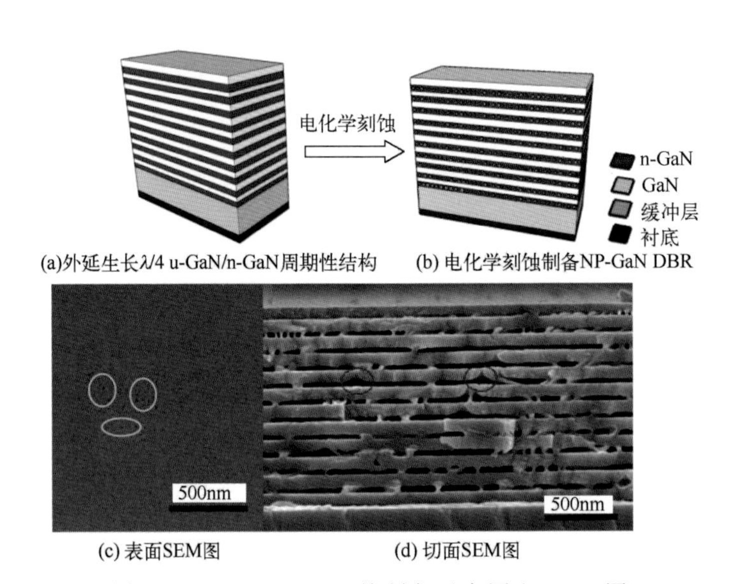

(a)外延生长λ/4 u-GaN/n-GaN周期性结构 (b) 电化学刻蚀制备NP-GaN DBR

(c) 表面SEM图 (d) 切面SEM图

图 8-1 NP-GaN DBR 的制备示意图和 SEM 图

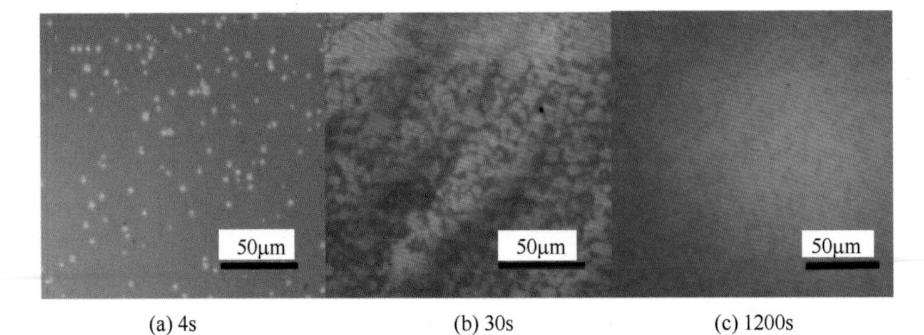

(a) 4s (b) 30s (c) 1200s

图 8-2 刻蚀样品的表面光学显微照片

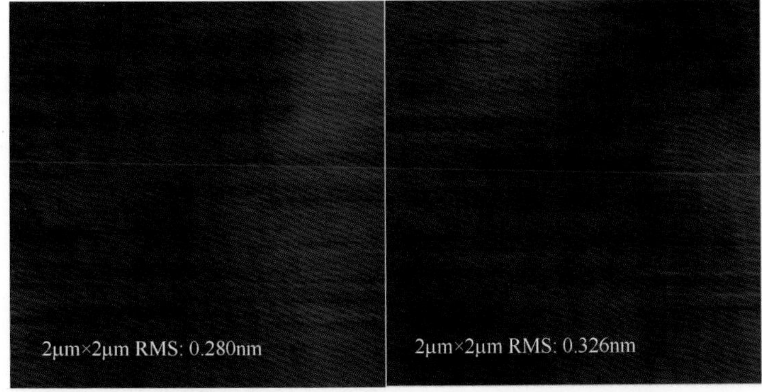

(a) 刻蚀前　　(b) 刻蚀后(即DBR)

图 8-4　u-GaN/n-GaN 周期性结构的 AFM 图像

(a) 有DBR的LED的切面SEM图

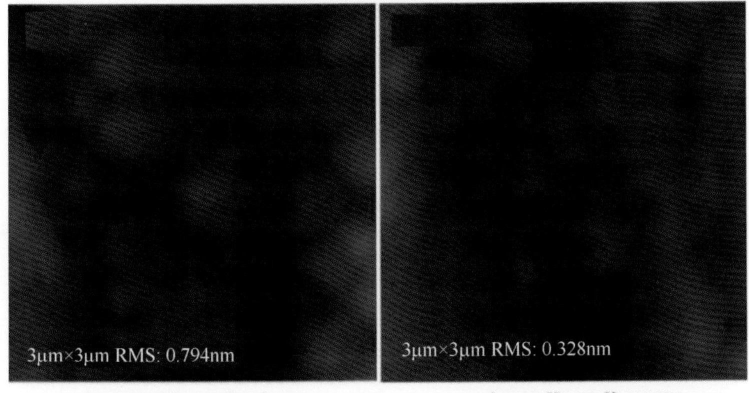

(b) 无DBR的LED的AFM图　　(c) 有DBR的LED的AFM图

图 8-5　GaN 基 LED 的切面 SEM 图和 AFM 图

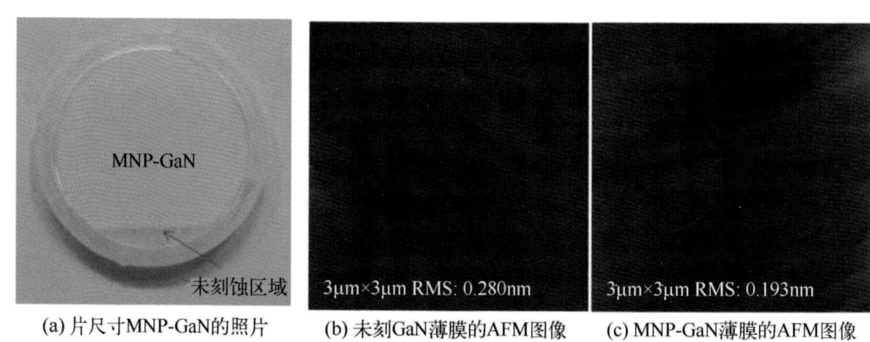

(a) 片尺寸MNP-GaN的照片 (b) 未刻GaN薄膜的AFM图像 (c) MNP-GaN薄膜的AFM图像

图 9-3 GaN 样品的照片和 AFM 图像

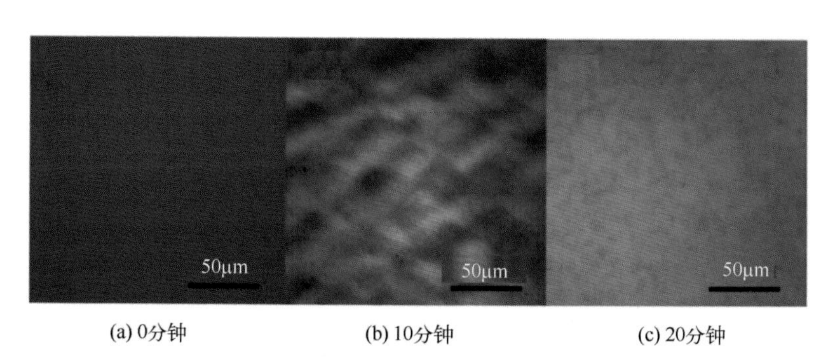

(a) 0分钟 (b) 10分钟 (c) 20分钟

图 10-3 样品在 15V 电压下刻蚀不同时间对应的光学显微照片

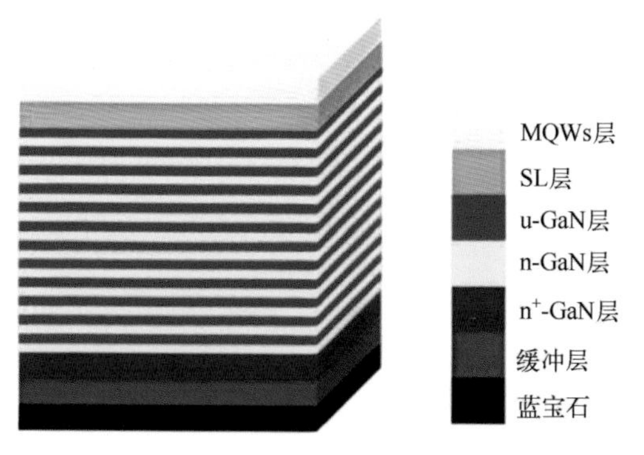

图 12-1 外延生长的 GaN 基 MQW 结构示意图